成长加油站

学习是一件快乐的事

李 奎 方士华 编著

民主与建设出版社

·北京·

© 民主与建设出版社，2020

图书在版编目（ＣＩＰ）数据

学习是一件快乐的事 / 李奎，方士华编著 . -- 北京：
民主与建设出版社，2019.11
（成长加油站）
ISBN 978-7-5139-2424-5

Ⅰ . ①学… Ⅱ . ①李… ②方… Ⅲ . ①学习方法－青
少年读物 Ⅳ . ① G791-49

中国版本图书馆 CIP 数据核字 (2019) 第 269550 号

学习是一件快乐的事
XUE XI SHI YI JIAN KUAI LE DE SHI

出 版 人	李声笑	
编　　著	李 奎 方士华	
责任编辑	刘树民	
封面设计	大华文苑	
出版发行	民主与建设出版社有限责任公司	
电　　话	（010）59417747 59419778	
社　　址	北京市海淀区西三环中路 10 号望海楼 E 座 7 层	
邮　　编	100142	
印　　刷	三河市德利印刷有限公司	
版　　次	2020 年 6 月第 1 版	
印　　次	2020 年 6 月第 1 次印刷	
开　　本	880 毫米 ×1230 毫米　　1/32	
印　　张	30	
字　　数	650 千字	
书　　号	ISBN 978-7-5139-2424-5	
定　　价	238.00 元（全 10 册）	

注：如有印、装质量问题，请与出版社联系。

　　青少年是祖国的未来，是中华民族的希望。中国的未来属于青少年，中华民族的未来也属于青少年。青少年的理想信念、精神状态、综合素质，是一个国家发展活力的重要体现，也是一个国家核心竞争力的重要因素。

　　随着年龄的增长，青少年开始认识世界，学习各科知识，在这个过程中，他们逐渐熟悉了社会，了解了民风民俗，懂得了道德法律，具备了起码的生存技巧、劳动技能，掌握了一定的科学知识、探索方法，对大自然、对人生也有了一定的看法。

　　这一时期，他们渴望独立的愿望日益变得强烈，与家庭的联系逐渐疏远，对父母的权威产生怀疑，甚至发生反抗行为。他们要摆脱家长和其他成人的监护，摆脱由这些成年人规定的各种形式的束缚。

　　他们对自己充满自信，看不起身边的许多事情，但随着接触社会的增多，他们会逐渐了解到个人只不过是这个大自然中的一部分，个人与他人、社会、自然之间存在着十分复杂的关系，在很多事情面前，个人的能力和作用都是有限的，是要受到制约的。

　　由于一开始过高地估计了自己的能力，致使他们的很多愿望难以实现，由此他们又产生了自危、自惭、自卑、自惑等不良心态，在这种情绪的影响下，有的青少年甚至走上自毁的道路。研究表明，青春期的青少年是最容易激发起斗志的，他们更容易从别人的成功中吸取适合自己的营养，指导他们的行动。

为了正确地引导青少年的成长，使他们培养正确的人生观和世界观，并合理地控制自己的情绪，我们特地编辑了本套"成长加油站"丛书，包括《爸妈不是我的佣人》《办法总比问题多》《再见坏习惯》《做最好的自己》《懒惰，请走开》《做个内心强大的孩子》《这样做人人都欢迎我》《学习是一件快乐的事》《为自己读书》《自己永远是最棒的》共十册书。

本套丛书从兴趣爱好、积极人生、情绪、心智等多个方面入手，分别讲述了如何培养孩子的美德、怎样提高孩子的情商、智商，怎样养成孩子的独立生活能力等诸多问题，旨在引导青少年对成功的渴望，使其发现自身的兴趣所在，快乐、健康地成长，为他们的成长加油！

目录

第一章　从小确立人生的梦想

　　梦想是我们实现自强的指路明灯，是我们前进的动力。梦想无论怎样模糊，总是在我们心底，从小确立人生的梦想，我们的生命才有意义。

　　一个人也许非常清贫、困顿、低微，但是不可以没有梦想。只要梦想存在一天，只要一刻不停止对梦想的追求，就可以改变自己的生活。

梦想是自强的推动力

在十岁左右至十五六岁这一时期，是从童年向青年发展过渡的时期，这时，幼稚和成熟、独立性和依赖性、冲动性和自觉性等正交错发展着，是一个人个性形成和产生独立思想的关键期，也是促进"文明化、社会化"的时期，这是真正意义上的成长。

此时，你开始尊重自己的意愿，并尝试着去做自己觉得该做的事。当你学会安排计划和规划方向时，当你觉得睡懒觉、看卡通动漫是浪费时间时，当你遇到困难不再用哭闹解决时……你会慢慢发现，自己长大了！

长大的最初感觉是心中萌生了美丽的梦想！这是我们心中升起的一轮金色太阳，能够一直照耀我们的人生之路。这就是生命的无限魅力！我们赞美生命的美丽，其实就是颂扬我们具有无限的梦想！

梦想是我们青少年对于美好事物的一种憧憬和渴望，虽然我们的梦想可能不切实际，但它却是我们最天真、最无邪、最美丽、最可爱的愿望。所以，我们一定要珍视自己的梦想，守护自己的梦想，并努力实现自己的梦想！

梦想并非遥不可及，梦想就在我们的身边。梦想是公平的，每一个人，无论你高贵还是卑微，贫穷还是富有，梦想都会伴随在你左右，给你支持，给你动力，给你信心。所以，让我们给梦想插上翅膀，让它带着我们遨游在灿烂的天空之中。

从古至今，是梦想把源远流长的历史文化串联成一颗颗璀璨的明珠，永远记载在人类历史的典册上；是梦想让人类拿起镰刀，拿起锄头，辛勤地耕作，日出而作，日落而归；是梦想推动了人类社会的发展，有了高楼大厦；是梦想让人类拥有了智慧；是梦想……

有一则勇于追求梦想的真实故事，发生在旧金山贫民区一个叫辛普森的小男孩身上。朋友，现在让我们看看他身上究竟发生了什么事吧。

辛普森因为营养不良又患有软骨症，6岁的时候，双腿便严重萎缩成弓形。但残缺的身体，却从未让他放弃心中的梦想，他的愿望是有一天能成为美式足球的明星球员。

从小，辛普森就是美式足球传奇人物吉姆·布朗的忠实球迷，只要吉姆所属的克里夫兰布朗斯队来到旧金山比赛，辛普森一定会跛着脚，辛苦地走到球场，为心目中的偶像加油。

　　由于家境贫穷，买不起门票，辛普森总是等到比赛快结束时，从工作人员打开的大门溜进去，欣赏最后几分钟的比赛。

　　有一次，克里夫兰布朗斯队和旧金山四九人队比赛结束后，在一家冰激凌店里，辛普森终于有机会和心目中的偶像吉姆·布朗面对面，而那也正是他多年来最兴奋、最期待的一刻。他大方地走到这位球星的前面，大声说："布朗先生，我是您忠实的球迷！"

　　吉姆·布朗和气地向他说了声"谢谢"，辛普森接着又说："布朗先生，我想跟您说一件事……"

　　吉姆·布朗问："小朋友，请问是什么事呢？"

　　辛普森以一副自豪的神态说："我清清楚楚地记着您所创下的每一项纪录和每一次的攻防哦！"

　　吉姆·布朗开心地回应着笑容，拍拍他的头说："孩子，真不简单。"

　　这时，辛普森挺起胸膛，眼睛闪烁着炽烈的光芒，充满自信地说："不过，布朗先生，有一天我要打破您所创下的每一项纪录！"

　　听完他的话，这位体育大明星微笑着说："哇，好大的口气，孩子，你叫什么名字？"

　　辛普森大声地说："我的名字叫奥伦索·辛普森。"

　　小辛普森怀着伟大的梦想，后来他不仅打破了吉姆·布朗所创下的所有纪录，还刷新了许多新的纪录。

　　梦想是我们前进的动力。只有拥有梦想，我们才能清楚地规划自己的未来。梦想会给你带来无穷的力量，帮助你跨越一个又一个难关，最终实现你的愿望。

　　小辛普森正是在梦想的激励下，获得了自己的成功。我们也应该像他那样，坚守我们自己的梦想。

　　从小，我们就做着不同的梦，每一个梦想都代表着我们对未来的期盼，其中蕴藏着无限的生命活力。因为有梦想，我们的生活充满了动力；因为有梦想，我们的生活才充满希望。

　　人人都有梦想，也是因为梦想的寄托，从小渴望飞翔的莱特兄弟发明了飞机，希望拥有光明的爱迪生发明了电灯，这一切都在于两个字：梦想。

　　梦想的光辉照耀着我们，让我们认清了人生的方向，理解了人生犹如夜航的船，没有灯塔的指引，将失去航向。

　　亲爱的青少年朋友，梦想究竟是什么呢？

　　梦想是一种强烈的需求，是深藏在人们内心最深切的渴望；它是潜意识的产物，几乎和你的直觉一样；它能激发潜意识中所有的潜能。每当想起它，我们就会兴奋不已。

　　人们正是有了想飞上蓝天的梦想，才有了飞机的出现；正是有了要下海的梦想，才有了潜艇的诞生。放眼望去，人类创造的所有奇迹，其实都是梦想变成现实的结果。正因为有了梦想，我们才知道我们究竟是为了什么而如此地拼搏，为了什么而如此地奋斗。在人生的旅途中，梦想陪伴在我们的身边，让我们在面临挫折时，又重拾自信，在无限的黑暗中，点燃一盏明灯，指引我们前行。

梦想，带给我们的是自信；

梦想，带给我们的是坚定；

梦想，带给我们的是未来；

……

我们要坚持"一定能实现梦想"的信念。梦想能赋予人生深刻的意义和强大的动力，而且能让我们得到幸福。为了得到幸福，我们应该为寻找梦想而奉献青春。

世上无数的成功者都见证了梦想的力量，那么青少年朋友，你还在犹豫什么，积极把握好当下吧！

成功要求人们有一个为之奋斗终生的梦想。任何一个成功者都是从梦想开始的，没有梦想的人生是没有意义的人生。没有梦想，就没有一切。

青少年朋友们，梦想是人生道路上不可或缺的，梦想是我们最宝贵的财富。给我们的梦想插上一双翅膀吧，放飞梦想，去努力，去拼搏，别让自己的人生留下遗憾，让梦想带着我们在天空中自由翱翔！

朋友们，让我们一起唱一首《梦想》之歌吧：

我相信梦想就是最好的信仰，

指引我们向前不会彷徨。

拥有梦想的人一定势不可挡，

拥有梦想就有可能，

每个人都天下无双。

……

拥有梦想能让奇迹从天而降，

拥有梦想就有可能，

每个人都天下无双。

梦想就不怕张狂，

行动激荡无限能量，

梦想就是最好的奖赏、分享，

……

梦想就是最好的奖赏，

……

有志者梦想才能成真

站在成功的大门前，弱者未进先怯，妄自菲薄："我真的没有希望了。"站在成功的大门前，败者垂头丧气，牢骚满腹："命运为何如此不公平？又失败了，还有希望吗？"

可是，亲爱的青少年朋友，在绝望的时候，你有没有想过：我们怎么知道自己永远不行，我们怎么知道失败之后还是失败，失败之后就再没有了希望？

青少年朋友，我们要在这里大声呼喊："有志者事竟成！"

不能因为自己的客观原因而丧失志向，而是不断地挑战自己，成功实现了人生的理想，这就是志向的伟大力量。

我们不能丢掉自己的梦想，我们不能失去自己的志向。只有立志，才能成功。翻开中外史册，因有"志"而成功者不乏其人。

人活着需要勇气，活得有意义是一种能力，有了崇高志向才能具备这种能力。是"志"战胜了困苦，消化了自卑，击垮了死神，撑起了生命的绿伞！它也撑起了很多人的信念与决心！

但是也有一些人，他们胸无大志，有着优越的条件，但却不会利用，庸庸碌碌，终究一事无成。我们经常可以看到这样的人，他们整天叹息前途渺茫，慨叹岁月蹉跎，任由生活摆布而不思奋进，自甘堕落，这又是何苦呢？

诚然，失败挫折令人沮丧，但是却不应该自贬自褒，我们应鼓起信心，毅然凿开前进之路，决不能将人生视为一棵草、一片叶而随意亵玩。失败是难免的，但每个失败的尽头都有一个成功。只因一次、两次的失败就放弃追求和努力，那是可怜的。

眼下，摆在我们面前的是一条充满诱惑却又极富挑战的路。我们青少年生逢其时，该以怎样的姿态迎流而上呢？

那就是练就凌云壮志，不胆怯，不退缩，不怕失败，用自己的双手创造明天。青少年朋友，让我们一起唱起充满豪情的《男儿当自强》，让歌声伴我们走向成功吧：

> 傲气面对万重浪，
>
> 热血像那红日光，
>
> 胆似铁打骨如精钢，
>
> 胸襟百千丈眼光万里长。
>
> 我发奋图强做好汉，
>
> 做个好汉子每天要自强，
>
> 热血男儿汉比太阳更光。
>
> 让海天为我聚能量，
>
> 去开天辟地为我理想去闯。
>
> 看，碧波高壮，
>
> 又看碧空广阔浩气扬，
>
> 我是男儿当自强。
>
> ……

守护目标要专心致志

　　成功的人与平庸的人的区别在于：成功者有一个明确的目标、清晰的方向，并且自信心十足、勇往直前地走向前方；而平庸者却终日浑浑噩噩、优柔寡断，迈不开决定性的一步。

　　狂风巨浪总是有的，它会暂时迫使你离开自己的航道，但是坚定一个前进的方向就不会随波逐流、无目的地漂泊。

专注地守护好自己的目标对青少年来说是很重要的。没有明确的目标，就像是无头苍蝇，摇摆不定，总是在做一些无用功，忙又有什么用呢？

每天24小时，大家都在努力，结果却是天差地别。白龙马随唐僧步步朝西，十万八千里走了一个来回，而拉磨的马也都没有闲着，但终其一生，也没有千里之游。

所以，我们青少年要始终走在正确的方向上。一个人有了目标才会有奋斗的方向，有了坚定的目标才会在前进的路上少一些彷徨。

青少年朋友们，我们来看一个小男孩坚持目标不动摇的故事吧。

在澳大利亚的北部，有一个叫约翰的小男孩，他父亲是位马术师。他从小就跟着父亲东奔西跑，一个马厩接着一个马厩，一个农场接着一个农场地去训练马匹。

由于跟着父亲四处奔波，男孩的求学过程并不顺利，学习成绩一直不是很好。

初中时，老师叫全班同学写作文，题目是长大后的志愿。那晚他洋洋洒洒地写了7张纸，描述他的伟大志愿，那就是想拥有一座属于自己的牧马农场，并且仔细画了一张200亩农场的设计图，上面标有马厩、跑道等位置，然后在这一大片农场中央，还要建造一栋占地5000平方英尺的巨宅。

两天后，约翰拿回了作文，上面打了一个又红又大的F，旁边还写了一行字：下课后来见我。

　　脑中充满幻想的他下课后找老师不解地问："为什么给我不及格？"

　　老师回答道："你小小年纪，就做白日梦。你没钱，没家庭背景，学习成绩也不好，可以说什么都没有，就想建农场啊？建农场可是个大工程，无论是买地、买纯种马匹都是需要花钱的，甚至还要花钱照顾它们。"

　　最后，老师说："如果你肯重写一个比较不离谱的志愿，我会给你一个你想要的分数。"

　　约翰回家后想了很久，然后征求父亲的意见。父亲只是告诉他："儿子，这是非常重要的决定，必须自己拿主意。"

　　经过再三考虑，约翰决定原文交回，一字不改，他这样告诉老师："即使作文再被退回，我也不愿放弃梦想。"

20多年以后，这位老师受邀带领他的30个学生来到那个曾被他指责的男孩的农场，在那里他们露营了一个星期。

离开之前，这位老师对如今已是农场主的男孩说："说来有些惭愧。你读初中时，我曾泼过你冷水。但我很高兴也很庆幸你有这个毅力坚持自己的梦想。"

一个看似完全不可能的梦想，最终因为小男孩坚持目标不动摇而得以实现。由此可见，只有执着于目标的人才会最终获得成功。执着是一种生活的姿态，是一种要成功的霸气，是一个人走向成功的途径。

而那些目标不确定、朝三暮四的人，是很难取得成功的。有的青少年今天做这个，明天做那个，什么事都是三分钟热度。一生认定一个目标，坚定地朝目标努力下去，你的人生才会成功。

我们青少年在学习上要想有些成就，就不能"朝三暮四"。有很多的成才之路，但真正达到预期目标、学有所成的人，往往不多，一个很重要的原因就是有的人常犯"朝三暮四"的毛病。开始时雄心勃勃，可没坚持几天，就找出种种理由放松学习，有时甚至将原来的目标忘得一干二净，这样肯定不会得到好的收获。

我们青少年在学习的时候，一定要专心，唯有心无二用，才能成功。

趾高气扬的人总是干一行埋怨一行，往往被琐事弄得筋疲力尽、功亏一篑，才懊悔当初。所以，任何人如果浅尝辄止都将是一事无成，没有持之以恒、始终如一的专注，就不可能成功。

当然，现实中有一些人的确天赋异禀，成功来得很容易，比如天才音乐家、天生的运动健将或者有天分的商人。但绝大多数成功人士的成就并不是上天赐予的，而是努力奋斗的结果。他们树立目标、专注于目标，直到目标的实现。

与生俱来的特殊天分和才能确实可能会让你轻而易举地成功，但大多数时候，我们都必须努力学习，集中注意力，直到获得成功。而且，接下来还要加倍努力地工作，以取得更大的成功。

青少年朋友们，让我们从现在开始，向我们的目标大步前进吧！胜利就在我们的前方！

计划是自强的保证

生命对于我们每个人来说只有一次，珍贵而短暂。身处象牙塔的青少年，面对学校生活，面对未来的职业生涯，我们憧憬，我们遐想，我们充满激情。

然而，更多的时候，我们迷茫，我们好高骛远，我们漫无目的，为自己的迫不及待或无所事事感到郁闷。所有的一切，都需要一个明确的目标和可行的计划来支持。

在规范化的社会中，人生其实完全可以自我设

计，而且这些应该从我们的童年就开始。有了科学理性的人生规划，我们可以完全不凭借机遇、不依靠伯乐，可预见性地获得理想中的成功。

青少年朋友们，我们来看一个小故事吧。

从前，有两座寺庙，在相邻的两座山上，两座寺庙里面分别住着一个小和尚，两山之间有一条清澈的小溪，两个和尚每天都会下山挑水，久而久之，两个人便成了朋友。

不知过了多长时间，一座山的和尚不再下山挑水了，于是另一座山的和尚心里想：我的朋友可能生病了，我要去看看他。

于是，他来到了对面的那座山上，却看见他的老朋友正在庙里悠闲地散步。他好奇地问："怎么不见你下山去挑水了？"

这个和尚笑而不答，带着他的朋友来到了一口井前，笑着说："我过去几年中做完功课，都会抽空来挖井，现在终于挖成了，不用再下山挑水了，因为我想在我年迈无法下山时，我还能喝到水。"

由此可见计划的重要性。挖井的和尚正是因为有计划、有目标，所以才能实现不用下山挑水的梦想。而另外那个和尚，根本没有计划挖井，所以只能下山挑水了！这就是有计划与没有计划的差别所在。

在生活工作中，我们不但要埋头苦干，还要好好地想一下。不同的想法，就会产生不同的结果。做一个有思想、有规划的人，生活的画卷在不断地展开中，就一定会峰回路转，"柳暗花明又一村"的。

事实上，做事有计划对于一个人来说，不仅是一种做事的习惯，更重要的是反映了他的做事态度，是能否取得成就的重要因素。对于青少年来说，如果做事一直没有计划，将影响到其未来踏入社会之后的发展。

人们似乎总是在忙碌着，每时每刻。但有的时候，我们虽在忙碌效率却很低。大多数情况下其实是心里忙乱，做着这件事情，想着其他事情，总觉得有好多事情要做。每件事都想做，每件事都无法认真做好，因为无法安心做好每一件事。

那么，与其做不好每一件事情，还不如静下心来，认真去做一件事。做每件事之前先好好规划：要知道先做什么，后做什么。这是一个良好的习惯，并且也是一种考虑问题的逻辑和方法。当你遇事时，一定要保持清醒的头脑，一定不能自乱阵脚。

俗话说，"一日之计在于晨"，每日早上，我们青少年先不要忙于学习，想一想，今天需要做什么，昨天还有哪些事情没完成，形成今天的计划，按计划有条不紊地做好每一件事情，分清轻重缓急，哪些先做、哪些可以缓一缓，这样就不至于忙乱，甚至还有时间活动一下。具体来说，我们应该注意以下几个方面：

一是我们在做任何事情之前，都要考虑清楚，养成事前先分析的习惯。

二是我们无论做什么事情，都要谨记"有序"的原则，自己先在心里面想好第一步要做什么、第二步要做什么，并以此类推。

三是我们要牢记两个公式：计划≠方案；希望≈计划。如果做每件事情前都先想一套方案，那么做任何事情成功的概率都不会低。

行动让梦想得以实现

有些青少年朋友满脑子都是各种理想和梦想，一说起来就天花乱坠，心潮澎湃，但是几乎最后都成了幻想，从来没有变成现实。原因何在呢？因为我们都没有付诸行动，怎么可能实现。

如果我们只是一味地空想，梦想就只能是遥不可及的梦想。如果总是在想：明天再做吧，那么很有可能就会推到明天的明天。因为"明日复明日，明日何其多"。

很多时候"没时间"只不过是一种借口，关键还是要看你是否愿意为之付诸行动，要知道行动远比等待有意义，坐着不动永远不会有机会。

亲爱的青少年朋友，让我们一起看一个关于小姑娘海伦的故事吧。

海伦是一个可爱的小姑娘，可是她有一个坏习惯，那就是她每做一件事情，都要花费大量的时间来抉择与准备，而不是马上行动，所以总是后悔不已。

一天，邻居告诉她史密斯家的牧场里有很好的草莓可以自由采摘，他愿意以每千克15美元的价格收购。海伦听到这个消息后，高兴坏了，谢过邻居，马上回家准备。

到了家里，她不是立刻找出篮子准备出门，而是在家里埋头计算摘5千克草莓可以挣多少钱。她拿出一支笔和一块小木板，认真地计算起来，结果是75美元。

"要是能摘10千克呢？"她满怀希望地想着，"那我又能赚多少呢？"

她得出答案，"我能得到150美元呢。我可以买回那条我向往已久的项链了，它就挂在镇上贝迪的服饰店里。"

海伦接着计算下去，"如果我要是摘了50、100、200千克的话……"她将一早上的时间都浪费在计算这些毫无意义的数字上，转眼已经到了吃午饭的时间，她只得下午再去摘草莓了。

海伦吃过午饭后，急急忙忙地拿起篮子向牧场赶去，到那里时，发现大家早就把好的草莓都摘光了，只剩下一些还没有成熟的草莓。可怜的小海伦最终只摘到了一篮子小草莓，自然一切幻想都泡汤了。

如果你有一个梦想，或者决定做一件事，就应该立刻行动起来。要知道，100次心动不如一次行动，一个实干者胜过100个空想家。小海伦因为不知道这个道理，所以，一切计划都成了幻想。这正是我们每个人都需要吸取的教训。

不管周围的环境是怎样的，只要心中还有信念，就要排除一切去做自己想做的，哪怕每天只是向梦想迈出一小步。当然，梦想不在于这么一小步，但梦想却又离不开这么一小步，它所代表的是你为梦想所付出的行动，有行动就有希望。

在这个世界上，有很多人的一生都浪费在了无谓的等待和空想上，因此从来没有体验过接近梦想的那种兴奋和愉悦。虽然他们的心中一直都有梦想，但却从未对梦想做过些什么，空有一腔的热情又有什么用呢？

"行成于思，行胜于言"，这句话已经成为大多数人的行事准则。的确，理想是成功的蓝图，行动是成功的基石。如今的青少年早已具备很好的学习条件，为了实现理想就必须有所行动。

千万次的空想都不如一次脚踏实地的行动来得实际。不怕想不到就怕做不到，心动不如行动，做了也许会有收获或者是失败，但什么都不做一定是一无所获。

人们常说，好的开始是成功的一半。而事实上，只要开始行动，就算获得了一半的成功。著名作家冰心在《繁星·春水》中写道："言论的花儿，开得愈大；行为的果子，结得愈小。"因此，人不能只生活在浮想中，一味地空想，而不努力去实现自己的理想，其结局只能是悔之晚矣！

要想得到丰富的胜利果实，心动往往是不够的，唯有用勤劳的双手去耕耘，那么，对于我们而言，成功便不言而喻了。其实，只要我们行动了，无论成败，最终都会无怨无悔。

心动不如行动，虽然行动不一定会成功，但不行动则一定不会成功。生活不会因为我们想做什么而给我们报酬，也不会因为我们知道什么而给我们报酬，而是因为我们做了些什么才给我们报酬。

一个人的目标是从梦想开始的，一个人的幸福是以心态把握的，一个人的成功则在于行动的实现。你爱成功，成功也爱你，但你若不行动，失败天天都在等着你。

成功是信心、耐心、诚心和持续行动的集合，仅有一个成功的原则，绝不会成功的，只有行动，才是滋润你成功的食物和水。

行动是一个敢于改变自我、拯救自我的标志，是一个人能力有多大的证明。面对理想和现实的矛盾，你只有付诸行动，通过努力，克服生活中的各种困难，人生的辉煌才会徐徐展开。

行动是成功的基石。成功路上没有享福可言，要成功就要饱经风霜，历尽艰辛。

中国的"史圣"司马迁矢志不渝，在漫长苦闷的生活道路上，以超人的毅力忍辱负重，终于完成了不朽的杰作《史记》；化学家诺贝尔的炸药实验虽然使亲人丧命，自己身负重伤，但他仍旧坚定不移地工作。

……

毫无疑问，成大事者都是勤于行动和巧妙行动的大师。古今中外，无一例外。在人生的道路上，"用行动来证明和兑现曾经心动过的梦想"这是你最需要的。

亲爱的青少年朋友，你渴望顺利地走到胜利的彼岸吗？"千里之行，始于足下。"如果你想成功，那就用实践和行动去实现心中的梦想吧！

向美好的明天前进

亲爱的青少年朋友，昨天已成了历史，无论是挫折，还是辉煌，都只能代表过去，既不能代表今天，也不能代表明天，历史终归是历史。没有永恒的胜利，也没有永久的失败，胜利与失败在特定的条件下是可以相互转化的。

我们不必为昨天的挫折和失败而颓废气馁、萎靡不振，也不必为昨天的胜利和辉煌而沾沾自喜、骄傲自满。只需把昨天的挫折与辉煌，细细品味，好好总结。

我们要找出挫败的原因，吸取教训。我们抛开挫败带来的负面影响，发挥辉煌赋予的成功经验。只有把昨天的成功经验，当作攀登明天的云梯，做好继续攀登的思想准备，才能有更加美好的明天。

昨天的已经成为事实，成为过去，如果我们沉溺于昨天的记忆中不能自拔，只能是自讨苦吃！就像故事中背负的土豆，越来越重，最终成为我们人生的包袱。

我们要学会放弃这些包袱，让自己轻装上阵，开始今天的新生活。今天是昨天与明天的接力过程，是昨天失败与挫折的终结；是走向胜利和更加辉煌的新起点，是从辉煌奔向更加辉煌的转折点。

朋友，我们已经步入了今天，那就不要再过多地怀念昨天，尽快从昨天失败的阴影中走出来，在哪里跌倒就在哪里爬起，打起精神尽快赶上去，过去的就让它过去，不要在跌倒的地方徘徊！

一切从零开始，脚踏实地、满怀信心地立足于今天，才会结出丰硕的果实，得到满意的回报。今天的事今天办，绝不能拖延到明天。

"明日复明日，明日何其多，我生待明日，万事成蹉跎。"古训我们万万不可忘，明日的明日便是人生的尽头，今天把握不好，明天就是水中之月、镜中之花，可望而不可即。

我们要立足现在，不能把今天的事情拖到明天做，但是我们却不能不展望未来，不能不拥抱明天。

明天的日子还有多长？是失败还是辉煌，谁也说不清。人非圣贤，谁也没有未卜先知之明。我们的明天，既充满了机遇，又面临着挑战。在机遇和挑战面前必须保持清醒的头脑、超人的毅力和坚定的信念。

只有及时地抓住机遇，勇敢地接受挑战，才能在这瞬间万变的时代浪潮里，打拼出一片属于自己的新天地，开拓一个美好的明天。

没有最好，只有更好。不要求完美，只要求完善。不主张尽力，只主张努力。只要我们努力去做好每一件事，成功就离我们不远了！青少年朋友，美好的明天属于我们，只要我们勇于开拓、勤勉向上、奋斗不息。

经过昨天的总结，立足今天的局面，才能开拓明天的美好！只有细细地品味过去，放下思想包袱，坚持不懈地努力，立足今天，把好机遇，重新开始，大胆阔步，勇于创新，才能打开新的局面，开拓美好的未来，享受成功的喜悦。

今天是昨天挫败和辉煌的结晶，明天是今天艰苦奋斗的结果。青少年朋友，请放下昨天，立足今天，勇敢地去开拓明天吧！只要努力，相信我们的明天会更加美好！

青少年朋友们，给自己一片阳光吧！你的成功只在你未来的旅程之中，前方的风景才是最美丽的，放下自己肩上的包袱，轻装上阵，用一个崭新的自我去走人生征程，为自己踩出一条幸福的人生道路。每天给自己一片阳光，把过去和昨天遗忘，用绿茶般的心境潇洒去走自己的人生路。

人生本来就是一个不断重新开始的过程，新的开始，也就是新的希望，一个灿烂的新天地。今天既是一个结束又是一个开始，昨天成也好败也好，都可以重新开始，重新开始我们的人生。

道路坎坷曲折，有成功，有失败；有欢笑，有痛苦；有暴风骤雨的摧残，有艳阳高照的沐浴；埋藏你的过去，让你的明天更精彩，阳光更灿烂。

第二章　勤奋开拓人生的道路

　　人生路上，难免会有困难和挫折。面对人生中的各种困难，我们该怎么做呢？法国作家巴尔扎克说："挫折对于天才是一块垫脚石，对于能干的人是一笔财富，对于弱者是一个万丈深渊。"

　　朋友们，困难并不可怕，可怕的是我们不敢去面对它。我们只有扼住命运的咽喉，从挫折中奋起，才会成为生活的宠儿。

脚踏实地向目标迈进

　　人生之行悠远，人生之路漫漫。回首人生路上，每一个不会磨灭的脚印都记录着你的风风雨雨，每一个不能忘却的足迹都铭刻着你的深深记忆，每一个不可抹去的步伐都镌刻着你的种种情感……

　　你的快乐、幸福是轻快的脚印；你的忧愁、苦痛是凌乱的脚印；你的仇恨、悲愤是沉重的脚印。正是因为有了这样一个个、一串串、一片片不同的脚印，你的人生之路才值得细细回味，你的人生之路才能够永远铭记。

　　　　脚印是一段段历史——秦始皇因为统一中国、连接长城而留下"华夏第一君"的脚印；唐太宗因为虚心纳谏、勤于政务而留下了"贞观之治"的脚印……

　　　　脚印是一个个真理——居里夫人因为献身科学、鞠躬尽瘁而留下了"镭"的脚印；牛顿因为"冥思苦想"、敢于想象而留下了"苹果落地"的脚印；爱迪生因为不畏挫折、不惧失败而留下了"白炽灯"的脚印……

　　因为有了人生的脚印，我们能体会到前人的伟大和今人的奋发；因为有了人生的脚印，我们能感受到从前的酸甜苦辣和现在的苦尽甘

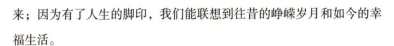

来；因为有了人生的脚印，我们能联想到往昔的峥嵘岁月和如今的幸福生活。

对于我们来说，成长之路上也布满了脚印。我们不求每一个脚印写下的都是甜蜜与欢乐，但求无悔于每一个脚印；我们不求每一个脚印留下的都是幸福与微笑，但求无愧于每一个脚印；我们不求每一个脚印记下的都是美好和痛快，但求无憾于每一个脚印……

蜗牛不相信自己的缓慢，一步一个脚印地向自己的目标爬行，终于到达了自己的目的地；水滴不相信自己的脆弱，日复一日，年复一年，一步一个脚印地撞击石块，终于造就了水滴石穿的奇迹；蚕蛹不相信坚硬的外壳，一步一个脚印，每天努力一点，终于获得了破茧重生的光明……

在生活中，也许你没有一个好的开始，但只要你一步一个脚印，

每天努力一点，你终会获得成功。亲爱的朋友，我们来看美国著名篮球运动员科比的成长历程吧。

　　小时候，科比曾因为篮球打得不好而受到别人的嘲笑，他的控球总是被断下来，于是，他立志当一名优秀的篮球运动员。

　　20年后，科比站在了NBA的冠军奖台上，高举着闪闪发光的金杯，面对着成千上万人的欢呼声，当台下记者问到是什么使他成功时，他回答道："为了练习控球，第一个月，我每天拍球绕着家门口走了一圈；第二个月，我每天拍球绕着操场走了一圈；第三个月，我拍球到街上，一边跑一边拍。日复一日，年复一年，我才有了这么完美的技术。"

也许科比没有天赋，但他每天努力一点，一步一个脚印，终于迈向了成功的殿堂，我们每个人应该学习科比这种脚踏实地的精神。

　　一步一个脚印，不仅是一种口号，更是一种精神，也许每个人的开始并不完美，但只要你每天努力一点。抱着"一步一个脚印"的精神，一点点向成功之巅迈进，在那里，你可以欣赏到太阳的雄壮、花的芳香……

　　青少年朋友，走好人生第一步，不要让人生之路充满悔恨、愧疚、遗憾；走好人生每一步，我们可以在未来一个如水的夜晚里，打开记忆的闸门，细心体味曾经的脚印，感受以前的风风雨雨，曾有的深深记忆、往昔的种种情感，你会感到心满意足！

用勤奋开拓自强的人生

亲爱的青少年朋友，我们惊羡成功时花朵的明艳，然而你可知道，当初它的芽儿，浸透了奋斗的泪泉，洒遍了牺牲的汗雨。我们青少年只有把握好勤奋这把钥匙，才能打开成功的大门。

勤奋才能有所作为，博学多才来源于勤奋忘我的不懈努力。只要我们青少年在学习上舍得花点力气狠下功夫，就必定能够用辛勤的汗水和智慧浇开芬芳的理想之花，获得真才实学。

我们青少年必须在这方面狠下功夫，力求做到"衣带渐宽终不

悔，为伊消得人憔悴"。只有这样，我们才能开拓出属于我们自己的人生故事。

我国著名数学家华罗庚曾经说过这样的一句话："勤能补拙是良训，一分辛劳一分才。"事实证明，这的确是一个真理！

古今中外，曾涌现出无数的令人敬佩的仁人志士，他们并非一生下来就掌握某种本领或拥有异于常人的智慧，但是最终，他们却都得到了人生的馈赠。之所以那些名人会如此幸运，并不是因为上天的眷顾，而是因为他们有一种难能可贵的勤奋精神。

科学证明，勤奋可以反复地刺激人类的脑细胞，并通过这种频繁的刺激把获取的信息储存起来，以便在需要的时候可以及时地提取出来。而且勤奋还可以提高头脑的灵活性，使人变得更加聪慧灵敏。天资较差、智力较低的人，可以通过勤奋和努力化拙为巧、变拙为灵。

除了科学方面的证实以外，生活中"勤能补拙"的例子更是数不胜数。

"天才是百分之九十九的汗水加上百分之一的灵感。"这句话用

在爱因斯坦身上再合适不过了。爱因斯坦之所以能取得伟大的成就，主要是因为他勤奋，不断探索，敢于创新。

然而，幼年时代的爱因斯坦因为智力发育较慢，经常遭到同龄孩子的嘲笑，而且从来不被老师

看好。长大后的他却异常勤奋，一天24小时大部分都是在实验室度过的。

别人学习时他在学习，别人玩耍时他还在学习，别人休息时他依然在不停地学习、钻研。经过多年的努力，爱因斯坦最终以"相对论"而闻名于世。我国著名戏曲表演艺术家梅兰芳曾说过："我是个笨拙的学艺者，没有充分的天才，全凭苦学。"

梅兰芳年轻的时候去拜师学戏，师傅说他长着一双死鱼眼睛，灰暗、呆滞，根本不是学戏的料，不肯收留他。

然而，天资欠缺不但没有使梅兰芳灰心、气馁，反而促使他变得更加勤奋了。他喂鸽子，每天仰望着天空，双眼紧跟着飞翔的鸽子，穷追不舍；他养金鱼，每天俯视水底，双眼紧跟着遨游的金鱼，寻踪觅影。经过多年不懈的努力，梅兰芳的眼睛终于变得如一汪清澈的秋水，脉脉含情。

生活中，并非只有名人的事例才能表现"勤能补拙是良训"这句话所蕴含的道理，如果你试着观察一下自己身边的一些同学，就会发现他们与那些名人一样，同样具有勤奋的精神。

多少次，当你沉浸在游戏的快乐中时，他在默默地努力着；多少次，当你和朋友闲聊时，他在静静地思考着；多少次……也许他的天资并不如你，但往往到了最后，成功者的头衔却属于他。这是为什么呢？原因只有你自己知道。

要想知道一个人的成就有多大，不光要看他所获得的荣誉和知名度，而要着重了解他在成功之前究竟流了多少汗、克服了多少困难、花费了多少心血，准确地说，就是看他到底有多勤奋。

青少年朋友，要知道，曾经有过失败的人或许是勤奋的，但最终获得成功的人绝不是懒惰的！让我们从现在开始，勤奋开拓自己的人生吧！

努力发掘自己的潜能

青少年朋友，你们知道吗？我们每个人的潜能是无限的，只要你去挖掘，完全有可能在某个方面成为专家。通常我们表现出来的能力，只是其真正能力的一小部分，而大部分潜在的能力都未能得到真正开发。

不是每个人都能够认识到这一点的，不是每个人都能够认识到自己的潜能是无限的。正是因为如此，我们的周围不少人面对自己更多的不是欣赏，不是肯定，而是在与别人的比较中不断发现自己的不足，不断地增加惭愧与自卑。

所以，面对潜能，每个人都应该好好思考，该如何挖掘自己的潜能。无论你现在几岁，无论你现在处境怎样，只要你想改变，一切皆有可能，因为你的身上潜藏着无限的能量等待着你挖掘。

当然，挖掘潜能并不是你胡思乱想之后的随意决定，是你清醒认识自己之后的正确选择；认定目标之后，锲而不舍地努力，努力再努力。

只要勤奋，就会出现奇迹。这就是说，青少年在学习中一定要勤奋，只要勤奋，总有一天潜力就会被挖掘出来。有位哲人说过：人的天赋如火花，它可以熄灭，也可以燃烧起来。要使它成为熊熊大火的方法只有一个，那就是劳动、劳动、再劳动；勤奋、勤奋、再勤奋！

　　我国著名乒乓球运动员邓亚萍就是一个极好的例证。朋友们，让我们一起来看一下她的人生故事吧。

　　有人曾说过邓亚萍不适合打乒乓球，也许邓亚萍曾经犹豫过，也彷徨过，甚至产生过放弃打乒乓的念头，毕竟自己的个子的确不如队友，身高仅1.50米的邓亚萍手脚粗短，似乎不是打乒乓球的材料，5岁时就开始学打乒乓球，因为个子太矮被河南省队排除在外，只好进入郑州市队。

　　在邓亚萍犹豫彷徨时，有人帮助过她，但更关键的是她自己帮助了自己，她知道自己可以打好乒乓球，因为她热爱，因为她投入，凭着苦练、无所畏惧的胆量和顽强拼搏的精神，10岁时，在全国少年乒乓球比赛中获得团体和单打两项冠军，后加盟河南省队，1988年被选入国家队。

　　13岁夺得全国冠军，15岁时获亚洲冠军，16岁时在世界锦标赛上成为女子团体和女子双打的双料冠军。1992年，19岁的邓亚萍在巴塞罗那奥运会上又勇夺女子单打冠军，并与乔红合作获女子双打冠军。1993年在瑞典举行的第四十二届世乒赛上与队员合作又夺得团体、双打两块金牌，成为名副其实的世界"乒坛皇后"。

　　邓亚萍的出色成就，改变了世界乒坛只在高个子中选拔运动员的传统观念。前国际奥委会前主席萨马兰奇也为邓亚萍的球风和球艺所倾倒，亲自为她颁奖，并邀请她到国际奥委会总部做客。

　　邓亚萍打球的经历，让那些看似不可能的事情变成了可能，甚至让邓亚萍自己也成为一个难以被后人超越的传奇。

还是邓亚萍，从一个对知识知之甚少的运动员转型到一个清华大学的学生直至最后获得剑桥大学的博士，更是证明了人身上的潜能之大。

24岁的邓亚萍刚到清华大学外语系报到时，指导老师让她一次写完26个英文字母。当时在别人眼中看来最简单不过的事，邓亚萍却费尽心思后才把它们写出来，而且似乎没有写全。

于是邓亚萍把自己的睡眠时间压缩到最低限度，经常学习到很晚才休息，早上5时起床，苛刻地学习14个小时。有时，一边走路一边看书，就连吃饭的时间都用上了。更重要的是，在打球时候一直保持的1.5的好视力也退到了0.6。

邓亚萍不断要求自己，做作业也要和完成训练课一样，绝对是今日事今日毕，毫不含糊。邓亚萍这种刻苦学习的精神，让辅导老师和学友们都深为叹服。

1998年2月，邓亚萍前往英国诺丁汉大学读书。邓亚萍在诺丁汉的语言学校开始学习英语，短短3个月的时间，邓亚萍坚持每天8点多从自己的住所赶往学校上课。下午3时30分下课后，她还到学院的学习中心去学习，听磁带、练口语，直到晚上8时学习中心关门后才返回住所。

回到住所，邓亚萍也从不浪费时间，她坚持和房东用英语交流，坚持按时完成作业和预习功课。

她获得硕士学位后，又动身前往剑桥大学攻读博士学位，直至最后获得博士学位。

　　朋友们，我们已经看完邓亚萍的成功故事，你说人的潜能是不是很大？邓亚萍自身的条件并不是很好，但是她经过辛苦奋斗，将自己的潜能发挥了出来，实现了一般人实现不了的成功，非常值得我们学习。

　　青少年朋友，你是不是也非常想发掘出自身的潜能呢？其实能不能挖掘自身的潜能，关键的因素就是你自己，你愿意去做，你想去努力，你想改变，一切就会因为你的努力而改变。

　　不到高山，不知平地。不经过失败，就不知道成功的艰难曲折。挖掘潜能如挖井，挖掘过程也许是直线，也许是曲线，只有那些坚信自己有潜能的人，才能挖到水源。

　　亲爱的青少年朋友，我们每个人的身体内部都蕴含着相当大的潜能。著名科学家爱迪生曾经这样描述潜能对于人们的巨大影响和作用："如果我们做出所有我们能做的事情，我们毫无疑问地会使自己大吃一惊。"

　　一位山民拥有一块肥沃的土地，本来生活得不错。但是，他渴望得到人们传说中的一块珍贵的钻石。于是他卖掉

土地，离家出走，到遥远的地方寻找钻石。然而，他一无所获，非常失望。于是选择了自杀。

后来，那块土地转让给了另外一个山民。买下这块土地的山民在土地上散步时，无意中捡到一块亮闪闪的钻石。就这样，在这块土地上，新主人发现了最大的钻石宝藏。

这个故事有什么含义呢？它告诉我们一个很深刻的生活哲理：每个人都拥有丰富的钻石宝藏，即潜力和能力。这些潜力和能力足以使自己的理想变成现实。而你所要做的只是开发自己的"钻石"宝藏，不断地挖掘和运用自己的潜能。但是人们却往往缺少发现的眼光。

波兰作家显克微支说："人生是最伟大的宝藏，我晓得从这个宝藏里选取最珍贵的珠宝。"成功只属于那些相信自己能力的人，属于那些善于正确开发自身潜能的人。

我们要实现自己的人生目标和理想，必须正视自己的优缺点，要敢于向自己的缺点亮剑，而不是一味地逃避和退缩。挖掘自我潜能必须不断地发现真正的自我，不断地挑战自我，一个人一旦如此，便可改变一蹶不振的精神，甚至可以改变的整个思想及生活状况。

挖掘自身的潜力，必须要勤奋。而懒惰的人不肯勤奋，开掘就无从谈起，潜力表现不出来，天赋也就与他无缘。潜力在每个人身上都是巨大的，要想提高自己的竞争力，就要在开掘潜力上下功夫，我们青少年要想提高自己的能力，也要在开掘潜力上下功夫。

有人曾说："个人之间天赋才能的差异，实际上远没有我们所设想得那么大。"马克思在引用了这句话后接着说："搬运工和哲学家之间的原始差别比家犬和猎犬之间的差别小得多。"

青少年朋友，我们的成就如何，并不主要取决于先天所赋予的才智，而是取决于在漫长的人生道路中能否做到勤奋学习、刻苦攀登。

人的潜能存在于潜意识中，因此，我们青少年要实现自己的人生目标，必须树立自信，在明确目标的基础上，开发潜能，这一点非常重要。总之，勤奋出智慧，勤奋出成就。

对我们青少年来说，勤奋既是一种可贵的美德，更是一种应当养成的习惯。朋友，只要我们好好地开发自身的潜能，刻苦学习，努力奋斗，任何奇迹都可以创造出来。

勤于动脑，不要蛮干

如果有一天你走在街上，看到有一个人在试图用大铁棒打开门上巨大的锁，你一定会想，这个人不是强盗就是个傻瓜。

的确，用铁棒开锁只会把锁砸坏，而轻巧的钥匙因为懂得锁的心思，所以开锁不费吹灰之力。我们做事情也是这样，空有一身力气地蛮干，往往不如巧干的效果好。

青少年朋友，让我们来看一个小女孩练习舞蹈的故事吧。

　　每次上舞蹈课，总有几个小朋友提前到，在那里练习软翻、前桥、劈叉等。我看到有些小朋友在练习前软翻，都翻得特别轻松，心想："这个看上去还是蛮简单的，我也来学一学。"

　　于是，我每次上舞蹈课总是提早半小时到舞蹈室，叫她们教我，可她们也说不清楚，只做动作给我看。我只好学着她们的样子翻。经过一两个晚上的练习，我居然也能翻过去了，虽然翻得不是很标准。

　　于是，我就开心地朝妈妈喊："妈妈，妈妈，我能翻过去了，我翻一个给你看。"说完，就翻了个给妈妈看。

　　虽然翻得有点歪，但妈妈还是表扬我："呦，你这么能干，居然自己学会了。"

　　这下我更来劲了，说："就是有点歪，我再练习几次，保管能翻正！妈妈，你说对不对？"

　　"对！"妈妈说。

　　可后来几个晚上，不管我怎么练，都事与愿违，一点进步也没有，脸、肩膀都撞出了瘀青，痛苦不堪。我的心情糟透了，就不想练了。再看看别人翻得这么好，心想："真笨，我怎么就翻不正确呢？是不是我方法不对？"

　　几星期后，老师说要教我们前软翻，当讲到动作要领时，我听得特别仔细。老师告诉我们："先双脚跪立、双手叉腰，接着下中腰、控腰，人保持一颗球的形状，然后肚子先贴地，再脸贴地，双手在腰旁一边往后推，一边往上使劲撑，像球那样滚过去……"

我照老师说的去做，真的轻轻松松地翻过去了。

从这个故事可以看出，我们只要掌握了好的方法，就能收到事半功倍的效果。你看，这个小女孩先前没有掌握方法，费了九牛二虎之力，也做不正确。而一旦掌握了方法，一下子就成功了。可见，掌握方法比一味蛮干要好得多！

蛮干意味着不动脑筋，不顾方法，不顾实际，好比用铁棒开锁，不但开不了锁，反而会将锁弄坏，正所谓"赔了夫人，又折兵"。

埋头苦干确实是很好的做事态度。可是，这并不意味着只要我们花上大量的时间，事情自然就会解决。大禹以疏代堵，让一条多灾多难的祸河成了造福炎黄子孙的母亲河；孔明焚香操琴、空城退敌，传为千古佳话……

在生活中，类似的例子也不胜枚举。比如，一些同学只会在书山题海里苦苦煎熬，而不去思考知识间的联系和解题的技巧，到头来一头雾水；而另一些同学，做题时懂得寻找规律，抓住特点，举一反三，从而能够轻松地学习。

布莱希特曾说："思考是人类最大的乐趣。"对于我们青少年来说，只顾埋头学习而不思考，就等于是在"读死书"，便不会知道书中的真正含义。

爱迪生说："不下决心培养思考习惯的人，便失去了生活中最大的乐趣。"说明思考是人生最大的乐趣。

　　古人说得好，"学而不思则罔""行成于思毁于随"。的确，如果对学到的知识、调查得到的情况不做深入思考，就难以留下深刻的烙印，最终收效甚微。

　　贝费里齐在《科学研究的艺术》中讲过一个令人哭笑不得的试验，故事是这样的：

　　一位老师用手指沾糖尿病人的尿样来尝味，然后让学生们都做一遍。学生们愁眉苦脸地照着做了，一致说尿样是甜的。

　　这时，老师说："我在教你们观察细节。谁观察得仔细，发现我伸进尿样的是拇指，舔的是食指？"

　　学生们的失误就在于主观上的想当然，过分相信别人的经验，一没有认真观察，二没有深入思考。

　　我们要充分理解思考的重要意义，蛮干的结果是我们做的都是无

用功。其实，人与人之间的智商差异并不大，差距就在于看谁思考得多、思考得深、思考得对。

自然，坐在那里默默沉思是一种思考，把自己的所读所想记述下来、表达出来，也是一种思考。我们只要长期思考下去，必定有大的进步。

青少年朋友，我们要在勤于动脑中创造自己的自强人生。仔细考虑几分钟，胜过蛮干数十年。成功把握在我们手中，做任何事情的时候都要动脑筋，相信聪明才智这把金钥匙一定会为你打开成功的大门。

一位哲人曾说过："这个世界不缺会干活的人，缺的是会思考的人。"他的谆谆告诫激励我们青少年要勤于思考。

经过思考后得到的果实虽甜，但思考的过程却很苦。苦就苦在思考需要大量研究、掌握第一手资料，需要坚持不懈地总结和积累经验，需要给自己不断"充电"。

勤于动脑，不可蛮干，我们青少年要在学习中善于动脑。洛克威尔说："真知灼见，首先来自多思善疑。"充分说明了思考的重要意义。青少年朋友，让我们在思考中成长吧！勤于动脑，任何事情都会变得简单；勤于动脑，让我们的人生更精彩；勤于动脑，让我们做生活的强者。

忍耐是智者的利器

我们的成功，很多时候来自忍耐，因为人生犹如潮水一般，有潮涨的时候，也有潮落的时候，在潮涨的时候我们要戒骄戒躁，不要得意忘形；在潮落的时候我们要充满自信，坚定如一。

　　我们的人生不会是一帆风顺的，很多时候我们都要学会忍耐，因为忍耐会带给我们力量，忍耐会带给我们机会，当我们收回拳头的时候，不是因为我们放弃了搏击，而是我们在积蓄力量，因为只有收回的拳头打出去才能更有力。

　　青少年朋友们，让我们一起看看留学女孩小米学会忍耐的故事吧。

　　2010年12月29日，在大家刚过完圣诞、准备迎新年时，一句韩语也不会的小米，就急匆匆地只身来到韩国。

　　吃不惯的饭菜口味、不习惯的生活方式，这些是事先预料到的，但最可怕的是，一到韩国，小米就发现"上当"了。原来，韩语并不像传说的那样容易学会，韩语中的很多尾音发音，在中文中并不存在。

　　说惯了汉语的小米，真想自己的舌头能有"九曲十八弯"的功力。不会韩语，就形同失语，这对于伶牙俐齿的小米来说，无疑是一件很痛苦的事。于是，2011年整整一年，小米每天都跟着收音机练习发音，与"失语"抗争。

　　忙完一天，夜深人静时，思乡的情绪就会悄悄来袭。小米觉得，寂寞就像一种透明的毒气，看不见，摸不着，但却可能会被它杀死……而对付孤独最好的办法，就是让自己更忙碌。

　　于是，小米像个疯子一样，拿着书本，独自在屋里走来走去，念念有词。实在闷得难受时，她就和床上的布娃娃说话，说着说着，多数是以哭一场来收场。可在给父母的家信中，小米从来都是报喜不报忧，寄去的照片，也全是笑嘻嘻的样子。

小米慢慢成熟了，她懂得把那个不快乐的自己藏起来，把快乐奉献出去。

除了语言和孤独，让小米难受的，还有韩国学生对中国的一些误解。一天，班上一个韩国男生竟然问她："你们中国有出租车吗？"这让小米大为震惊，也很受伤害。当时，她的语言还没有过关，只能用半通不通的韩文加英文，结结巴巴地向那个韩国学生讲述了关于中国的许多事。

那个韩国男生听懂了小米的讲解，最后说："原来中国也是一个很不错的国家呀！"

那一次，小米对"自强"这个词，有了更深刻的理解。她认为，只有自身强大，才会拥有傲人的地位；只有国家强大，每个国民的地位才会相应提高。

于是，每当遇到困难，感到快要崩溃时，小米就反复地听那首《掌声响起来》的歌："经过多少失败，经过多少等待，告诉自己要忍耐……"

每听到此处，小米都泪如雨下。她在心底反反复复地鼓励自己：既然选择了愿望，就要风雨兼程；既然来到了韩国，就一定要专心学习，一定要忍耐，一定要坚持，一定要自强！

人生的道路坎坎坷坷，总不会永远一帆风顺，总会有事与愿违之时，你不可能看透你身边所有的人，当不幸的事在你面前发生的时候，当有人对你的成功产生嫉妒的时候，当你的好朋友背叛你的时候，你如何遏制这即将迸发的怒火呢？最好的方法就是忍耐！

当然，忍耐并不是懦弱，也不是任人摆布！不是那种"人生在世不如意，不如散发弄扁舟"的消极对待，不是"月过十五光已少，人到中年万事休"的不求上进、自甘平庸的借口，更不是"人生得意须尽欢，莫使金樽空对月"的玩世不恭！

忍耐是一种博大胸襟的体现，是退一步海阔天空的悠然，是将怨气看作浮云的恬淡，是"不以物喜，不以己悲"的深层诠释。

有时，生活需要你忍耐；有时，你必须忍耐生活。

因为，忍耐，是一枚酸涩的橄榄，是一剂苦口的良药，是向自己意志的挑战，是对自己毅力的冲击，宁折不弯未必就是真豪杰，能屈能伸方显英雄本色！

忍耐，是一种润滑剂，可以消除人与人之间的摩擦；是一种镇静剂，可以使人在众多的纷扰中恪守宁静；是一束阳光，可以消除彼此的猜疑和积怨；是一座桥梁，可以将彼此间的心灵沟通！

忍耐，会使你的胸怀更加宽广；忍耐，会为你减少不必要的烦恼；忍耐，会给你带来阳光和快乐。学会宽容，学会忍耐，会为你的人生增添一笔难以估量的财富。请牢记齐白石老人的忠告吧："人誉之，一笑；人骂之，一笑。"

我们青少年，可能会由于涉世未深而不懂得忍耐的真正内涵，其实忍耐不是终点，它只是为了让自己更好地达到目的，懂得忍耐的人不是优柔寡断，相反是一个理性、有头脑的人。

忍耐是制胜的法宝。做人能坚忍者必成大事，坚忍是一种明退暗进，更是一种蓄势待发。青少年今天的坚忍是为了明天更大的成功。

忍耐对青少年来说是一种磨砺，是一种意志力的体现。

很多青少年认为，忍耐是软弱。而实质上忍耐是一种修养，忍耐是在经历了暴风雨的洗礼之后，自然培养的一种涵养，忍耐能够磨炼人的意志，使人处世非常沉稳，面临厄运而泰然自若，面对毁誉而不卑不亢。

忍耐使人变得刚直不阿，淡泊名利。忍耐可以使人以坚强的心志和从容的步履走过岁月，走过人生。假如失去了忍耐，就会造成可悲的结局，由于每个人所处的环境、地位和拥有的文化水平不同，所以青少年要忍耐生活给自己的压力和困难，让自己在成功的路上走得更加平稳，让自己更加坚强。

生活的困难在人们的心中埋下了太多的隐痛。忍耐可使人相信，风雨过后，风平浪静，暴风雨之后的天空格外明亮、清新。我们要学会忍耐，学会在忍耐中锲而不舍地追求，在忍耐中更深刻地感受人

生、品味生活。身处逆境，一时无力扭转艰难的局面，那么最好的做法就是：学会忍耐，因为学会忍耐就会无限地接近成功。

忍耐是一种修养，忍耐能够磨炼人的意志，使人处世沉稳。

学会忍耐就是要把主要的精力放在追求生命的价值上，让自己的人生更充实，让生命更精彩。对于我们青少年来说，当身处困境、碰到难题时，想想自己的远大目标吧！千万别为一时之气而放弃长远目标。忍耐不是逆来顺受，不是消极颓废，也不是在沉默中悄然降下信念的风帆。

忍耐是当一根火柴燃烧到一半的时候，接受另一半炙热的煎熬；忍耐是考验意志、毅力的一种方式；忍耐是一个从大西洋的底部爬向珠穆朗玛峰顶部的艰难过程；忍耐是意志的升华和为了使追求成为永恒；忍耐是初春的细雨，夏天的凉风，秋天的熟果，冬天的暖意。

人们常说，"忍"字头上一把刀，这把刀让你痛，也会让你痛定思痛。这把刀，可以磨平你的锐气，但也可以雕琢出你的勇气。百忍成钢，当你的心性修炼得有如镜子般明澈、流水般圆润时；当你切切实实生活在不以物喜、不以己悲的宁静中时；当你发觉胸中不断流动着"虽千万人而吾往矣"般的勇气时，历经千锤百炼，你的刀也就炼成了。

青少年朋友，学会忍耐吧！挺起坚强的脊梁，用快乐和潇洒激励我们的意志，那么你的人生不论是低迷或是高涨，都将壮美如画。

第三章　让你的学习轻松快乐

　　每个人的生活都离不开学习，学习是人与环境保持平衡、维持生存和发展所必需的条件，也是人类适应环境的手段。尤其对孩子来说，学习就更为重要。

　　学习使人快乐，因为通过学习可以让人学到很多东西，然后你会更加深入地去学习，了解自己所感兴趣的事，学习自己所喜欢的东西，那又怎么会不快乐？如果你能找到你自己所喜欢的学习方式，那么你就可以让这段学习经历更加令人愉快。

不要给自己施加太多压力

有些青少年学习，不是根据自己的兴趣爱好培养特长，激发学习热情，而是与其他孩子比较来实现超乎自己能力的理想。这无疑会给自己造成巨大的压力。

日本教育学者山本光明，把从事某种活动的意愿表现为充满斗志、被强迫做、不想做、无法做四种方式。认为凡是被强迫学习的孩子都缺乏学习的主动性和动力。所以我们不要给自己施加太多压力，应以一颗平和的心态来对待自己。

压力大会导致心理危害

现如今，有心理障碍的孩子越来越多。心理学家指出，压力过大则是导致青少年出现心理问题的一个重要因素。目前，有很多中小学生面对着学习和考试压力，这种学习压力，确确实实已大大超过了他们的心理和生理的承受能力，从而致使出现一系列的逆反心理乃至精神变异。

静静是小学一年级学生，只因为一次拼音测验成绩不理想，她竟背上了沉重的思想包袱，在睡梦中，发出了"我能跟上！"的呼喊。静静的父母平时总给孩子灌输"要做最优秀的学生"的思想，对她的要求标准非常高。

　　自从她一入学，静静的爸爸妈妈便像大多数父母一样，开始不自觉地把考试和分数挂在嘴边，和孩子交流时也会习惯性地问："今天考试了吗？"这给孩子的心理造成了极大的压力。

　　所以，自从她拿回一张考的极差的试卷之后，笑容就从她稚嫩的脸上消失了，眼睛里多了一份忧伤和迷茫，睡觉不再香甜，有一次竟在睡梦中大喊："不，你们瞎说，我能跟上！我能跟上！"

　　静静的梦语，吓坏了她的父母，也惊醒了她的父母：他们没料到一次考试的失误竟带给孩子那么大的心理压力。"分数曾经把我们这一代压得喘不过气来，没想到如今我又将分数的压力施加在孩子身上。"

　　静静的父母开始和静静交流，帮助她内心已形成的压力。慢慢地灿烂的笑容再次回到了她的脸上。

　　众所周知，教育并不是一朝一夕就能见到成效的，而是一个循序渐进的慢过程，其中包括认知能力、自控能力、人际社交能力、生活独立自主能力等都是需要长时间的教导才能养成的。所以尽量让自己每天保持一份快乐的心情。

　　对自己的要求过分苛刻，会因压力过大而精神受到压抑，无法释

放。因为你们年龄不大，对人际处世缺乏经验，独立处理问题的能力差，导致无法排解压力。

专家说，当压力过大或持续过长时，孩子就会产生抑郁症、失眠症、恐惧症等一系列的生理或心理连环反应；孩子学习压力过大，还会导致孩子在整个学习过程中思维混乱，无心学习，对问题回答时缓慢，犹豫不决，进而影响到对问题的第一认识。

以平和的心态看待成绩

对待自己的学习成绩，若没有考好，首先要找出没有考好的原因；其次多做这方面的作业，避免下次再犯同样的错误。

我们应保持一颗平和的心态，看待自己的成绩，只要自己一直在努力，一直在进步，就不要苛求自己。

不要一味地抱怨自己如何不争气，不要总是不知足，不要将目标定得太高，不要让自己喘不过气来。

只有减轻过大的精神压力，进而坚定学习的信念，才有利于学习成绩的好转。

"欲速则不达""水到渠成"这些词语所表达的含义是永恒不变的真理。要想提高自己的学习质量，千万不可有急躁情绪，不能操之过急，尤其是在学习成绩上，如果压力太大，你就会产生焦躁、不耐烦，潜意识产生抵触情绪，对学习产生恐惧感，那可是后患无穷。

消除压力的要诀

为了避免给自己施加太多压力，心理专家提出了如下一些建议，可供你参考学习。

（1）不要与他人相比较

通常情况下，常常拿自己与别人相提并论，往往使你产生自卑心理，还没有站在起跑线上，就自动放弃比赛，放弃进取。

我们在自己的学习成绩不好的情况下，心里本来就伤心，甚至是打退堂鼓，觉得对不起养育自己的父母，若是再有额外的心理负担，学习成绩就更难上去了。

（2）及时提高自己的学习成绩

找出学习差的原因，从自己最基础的内容开始，弄通弄懂所有的概念，多做习题，树立自信心，相信通过一系列的补救措施，一定能使你的成绩有一定的提高。

21世纪，我们的学习压力不亚于工作中的父母们，因为我们面临着升学、就业、家庭等诸多因素的影响，从主观上已经产生了心理的压力。如果再有其他的外力因素压迫，可能会导致心理崩溃。

所以，我们要从改变自己的心态做起，减轻自己的学习压力。

让书本学习游戏化

我国著名教育学家叶圣陶先生曾说："全部的课程就是全部的生活，一切生活就是一切课程。"书本中有太多的知识都是来源于生活中的点点滴滴，只是长期的、单一的应试教学模式，使原本的生活内容逐渐背离了生活。

生活犹如一个大课堂，在这个大课堂里可以让我们学到更多的知识，并且在学习中愉悦心情。

做到适时启发自己

生活中，大多数的教师喜欢要同学们学这学那、背这背那，总是强逼我们死记硬背一些公式和定理法则，其实这完全是不符合现代教育理论的。

聪明教师的做法则是启发学生发现问题、解决问题，培养其独立处事的能力。而这种能力无论在任何情况下，都是必不缺少的。

某市有一所幼儿园，为了把数学教育书本生活化，让学习游戏化，让幼儿在生活中学习，在学习中生活，让学习服务生活、提高生活质量。

再经过幼儿园领导们的一致同意，实施了这么一个妙招。比如说，开展《认识图形》的活动，就充分挖掘周围存在的各种颜色、图形，墙上的各种图形及图形组合，通过让幼儿用不同颜色、不同形状的砖头辅路，用各种颜色、形状的亮光纸装饰墙壁，给小动物喂饼干等一系列的游戏化的活动形式，让这些天真活泼，又爱调皮捣蛋的幼儿们在轻松愉快的气氛中主动学习，巩固对图形及图形组合的认识。

另外，还有《按物体的长短、大小排列》一系列的活动，让幼儿在愉快吃点心的过程中，很自然地比食物的长短，并按长短顺序来排列。

除此之外，要数最有效的教育方式，那就是"小鱼吹泡泡"了，布置"小鱼吹泡泡"的墙饰，让幼儿喝完一杯水，就在自己做的小鱼嘴边有规律地贴上一个图片，今天喝了几杯水，小鱼嘴边就有多少个泡泡。

这个活动不仅让锻炼孩子的动手能力，还能提高孩子对数学的认识。

可见，如今的教育方式绝不能局限以往的应试教育，而是越来越靠近科学教育，就是我们常常提起的"素质教育"，教育孩子全面发展。

这个时候，教师如果善于引导、善于发现、善于将教学中的内容融入日常生活中，做到信手拈来，创设一些生动、有趣、贴近生活的实例，并且把生活中的教学原形生动地运用到课堂上，就会使我们在对待学习不再那么枯燥不安。

只有不断地丰富我们的知识面，扩展生活视野，注重培养我们的实地考察等多方面的能力，才会不断发展我们的形象思维，促进语言和抽象思维的发展。

书本生活化学习游戏化

让书本生活化，让学习游戏化的重要方法在于，我们青少年应该经常认真观察生活，从而保持在学习中心情愉快，在愉快中快乐学习。

教育专家说，当孩子还处于发育阶段时，他的大脑就好比是一棵小树苗的成长，需要得到充分的养分与尽心尽力、方法得当的养护。因此，教师长在促进孩子的智能发育上应从营养和教育这两方面入手，抓准时机、抓住根本，才能起到最佳的成效。

　　有关教育专家建议，为了更好地做到让书本生活化，让学习游戏化，教师还应该让孩子亲身体验和了解居住地区的发展轨迹、风土人情、自身所处的环境。

　　从根本上说，学习地理是为了了解我们的生存环境，并了解自身与其他同龄人之间的差距到底有多大，并在利用环境的同时，来协调融合，达到"天人合一"的目的。

　　我们青少年应密切关注周围的生活现象，探究其形成发展的地理原因，从而提高自己的综合知识。语文课本上的知识无疑是生活的外延，换句话来说就是等于生活，因为阅读的内容都是反映生活的，在生活中阅读，让生活的乐趣在阅读中充分得到发挥。

　　众所周知，中华民族历来都有将生命化作花叶的文化根基，"生如夏花之绚烂，死如秋叶之静美。"各式各样的花可以看作是人生的不同阶段，人的一生不可能一帆风顺，但有的时候却可以平平淡淡，有的时候则可以轰轰烈烈。人生的每一个阶段都要活出绚烂，活出精彩，从花的淡雅高洁中感觉到人不要自暴自弃，要学会珍惜生命，珍惜学习机会。

　　生活是一个动态的过程，也是人类教育过程中一门不可缺少的大课堂。生活不是教材中的某一个固定知识点，生活只不过是一组变动不拘的身临其境的历程，在看似有似无的情况下，可以让我们学会比书本中更多的知识。

　　生活是多姿多彩、接纳性的，不是固定而一的。所以我们要在生活中学习、锻炼，培养好习惯，提升自己各方面的能力。

注重培养自己的观察力

什么是聪明？聪明其实就是耳聪目明，也就是善于观察各种环境变化，及时做出恰如其分的反应。

从心理发展的角度说，观察是智力活动的基础，观察力就是人观察事物的能力，它是智力发展的必要条件，也是人们生活中所必需的能力。

了解观察力的重要

有人说：观察是智力活动的门户。任何一个人，如果没有较强的观察力，他的智力很难达到高水平。著名生物学家达尔文说过："我既没有突出的理解力，也没有过人的机智，只是在观察那些稍纵即逝的事物并对其进行精细观察的能力上。"俄国生物学家巴甫洛夫在他实验室的墙上，写着醒目的六个大字："观察，观察，观察！"

那么，什么是观察力呢？观察力是人类智力结构的重要基础，是思维的起点，是聪明大脑的"眼睛"，所以有人说："思维是核心，观察是入门"。

首先，我们知道，一个正常人从外界接触到的信息有80%以上都是通过视觉和听觉的通道传入大脑，通过观察获得的，没有观察，智力发展就好像树木生长没有了土壤、江河湖海没有了水的源头一样，失去了根本。

其次，观察力的发展离不开思维的进步，而思维是智力的核心。人们认识事物，都由观察开始，继而开始注意、记忆和思维。因而观察是认识的出发点，同时又借助于思维提高来发展优良的观察力。

如果一个人的观察力低，那么他的记忆对象往往模糊而不确切、不突出，回忆过去感知过的事物时就常常模棱两可，记忆效果差。于是，在运用已有知识和经验进行分析和判断时就不能做到快速而准确，显得理不直、气不壮，综合分析和思维判断能力差，智力发展受影响。

接下来，在以后的观察中，有效性、目的性、条理性差，观察效果不好，进一步影响思维的发展，形成不良循环。

再次，从生理和心理的角度来看，一个人如果生活在单调枯燥、缺乏刺激的环境中，观察机会少就会使脑细胞比较多地处于抑制状态，大脑皮层发育较缓慢，智力显得相对落后。

相反，如果一个人经常生活在丰富多彩、充满刺激的环境中，坚持经常到户外、野外去观察各种事物和现象，大脑皮层接受丰富刺激，经常处于兴奋活动状态，其大脑的发育就相对较好，智力也较发达。

众所周知，人的身心发展除了一定的遗传作用外，更多受环境和教育的影响，因此，要想拥有一个智慧的头脑，就应该勇敢地拓宽视野，敢于观察，善于观察，为自己的智力发展开启一扇明亮的"窗户"，为自己的大脑赋予一双"聪明的眼睛"。

认识观察力的特点

观察力的品质又称作观察力的特点。了解观察力的品质对提高智力有着重要意义。

（1）观察的目的性

一个人在进行感知时，如果没有明确的目的，那只能算是一般感知，不能称作观察。只有当那种感知活动具有明确的目的时，它才能算是观察。因此可以说，目的性是区分一般感知和观察力的重要特点之一。

作为观察的目的性，至少应当包括：明确观察对象、观察要求、观察的步骤和方法。而这些内容，可以在观察前的观察计划中以书面的形式写下来。

一般地说，不论是长期的观察，系统的观察，还是短期的、零星的观察，都必须制订观察计划。

观察的目的性，还要求我们在进行观察时，必须勤做记录。这种记录是我们保存第一手资料最可靠的手段。记录要力求系统全面，详尽具体，正确清楚，并持之以恒。

实践证明，要做好观察记录，特别是长期的系统的观察记录，必须坚持到底。中国科学院原副院长、气象学专家竺可桢在北京几十年如一日，对气候变化，进行长期观察，从不间断。他每天都坚持测量气温、风向、温度等气象数据，直至逝世的前一天。为编写《中国物候学》积累了丰富的资料。

（2）观察力的条理性

观察力是一种复杂而细致的艺术，不是随随便便，漫无条理地进行所能奏效的。观察必须全面系统，有条不紊地进行。长期的观察需要如此，短期的观察也需要如此。

一般来说，有这样几种方式。

第一，按事物出现的时间说，可以由先到后进行观察。

第二，按事物所处的空间说，可以由远及近或由近及远地进行观察。

第三，按事物本身的结构说，可以由外至内，也可以由内至外，或者由上至下，由左至右，可以由局部至整体，也可以由整体至局部进行观察。

第四，按事物外部特征说，可由大至小或者由小至大进行观察。

观察力的条理性，可以保证输入的信息具有系统性、条理性，而这样的信息，也就便于智力活动对它进行加工编码，从而提高活动的速度与正确性。

如果一个人做事杂乱无章，那通过他所获得的信息也就必然是杂

乱无章的。这样，他的智力活动要在一堆乱麻中理出一个头绪来，必然要花费较多的时间和精力，甚至还可能影响到智力活动的正确性。

（3）观察力的理解性

观察力包含两个必不可少的因素：一是感知因素；二是思维因素。

思维参与观察力的主要作用，它可以提高观察的理解性。理解可以使我们及时地把握观察到客体的意义，从而提高我们对客体观察的迅速性、完整性、真实性和深刻性。

在观察过程中，运用基本的思维方法，对事物进行有效的比较分类、分析、综合，找出它们之间的不同点和相同点，这样，就易于把握事物的特点。考察事物的各种特性、部分、方面以及由这些特性、部分、方面所联成的整体，就会使我们易于把握事物的整体和部分。

（4）观察力的敏锐性

观察力的敏锐性指迅速而善于发现易被忽略的信息。科学家和发明家的可贵之处就在于此。牛顿根据苹果坠地发现了万有引力规律，瓦特根据水蒸气冲动壶盖发明了蒸汽机。

在学习活动中，同学之间的观察力千差万别，同是一个问题，有的同学一眼就看出问题的要害和内在联系，有的同学则相反。敏锐性的高低是观察力高低的一个重要指标。

观察力的敏锐性与一个人的兴趣往往是密切相关的。不同的人在观观察同一现象时，会根据自己的兴趣而注意到不同的事物。兴趣可以提高人们观察力的敏锐性，例如同在乡野逗留，植物学家会敏锐地注意到各种不同的庄稼和野生植物；而一个动物学家则又会注意到各种不同的家畜和野生动物。

达尔文曾经谈到自己和一位同事在探测一个山谷时，如何对某些意外的现象视而不见："我们俩谁也没有看见周围奇妙的冰河现象的痕迹；我们没有注意到有明显痕迹的岩石，耸峙的巨砾……"显然，达尔文对各类生物的观察力是非常敏锐的，但对于地质现象却没有什么兴趣。

观察力的敏锐性是与一个人的知识经验密切相关的。一个知识渊博、经验丰富的人，他在错综复杂的大千世界中，自然容易观察到许多有意义的东西。

相反，一个知识面狭窄、经验贫乏的人。他面对许多被观察的对象，总有应接不暇的感觉，而结果什么都发现不了。当然，知识对观察的敏锐性还有消极作用。有些人常常凭借知识对一些事物进行主观臆断。

（5）观察力的准确性

首先，观察力的准确性要求人们正确地获得与观察对象有关的信息。在观察过程中，不只是注意搜寻那些预期的事物，而且还要注意那些意外的情况。

其次，是对事物进行精确地观察，既能注意到事物比较明显的特征，又能觉察出事物比隐蔽的特征；既能观察事物的全过程，又能掌握事物的各个发展阶段的特点；既能综合地把握事物的整体，又能分别地考察事物的各个部分；既能发现事物相似之处，又能辨别它们之间的细微差别。

再次，搜寻每一细节。一个具有精确观察力品质的人，他在观察事物的过程中，就会避免那种简单的、传统的、老一套的方式，选择那种不寻常的、不符合正规的、复杂多变的创新方式，这往往是富有创造力的表现。

例如让被试者在30分钟之内用22种不同颜色，一寸见方的硬纸片，拼成0.24米长，0.33米宽的镶嵌图案时，创造能力高的人通常尝试用22种颜色，而较平凡的人则趋于简单化，利用颜色的种类较少。

不但如此，创造能力较高的人所拼的图案，近乎奇特，无规律，不美观，他们不愿意依样画葫芦，仿拼任何普通图形，而愿意大胆地独出心裁，标新立异，不怕冒险，宁愿向通俗的形、色挑战。

各种观察力的品质在学习活动中有各自不同的作用。观察的目的性是学习目的性的一个有机组成部分，它保证我们的学习能够按照一定的方向和目标进行。

观察的条理性，是循序渐进地从事学习的不可缺少的心理条件，它有助于我们获得系统化的知识。观察力的理解性可以帮助我们在学习中对由观察而获得的知识的理解，不至于生吞活剥，囫囵吞枣。为了获得某些看来平淡无奇，实际上意义较大的知识就必须具有敏锐的观察力。

精确性可以帮助我们对所得到的知识深刻准确地领会，不至于似是而非，以假乱真，错误百出。在学习中，我们必须把观察力的各种品质结合起来，按照预定的目标去获得系统的、理解的、深刻的、真实可靠的感性知识。

提高观察力的方法

提高我们青少年观察力的方法很多，具体可以分为以下几种：顺序

转换法、求同找异法、追踪法、破案法、随感法、观察日记法、任务法、列项打钩法、个体差异法、中心单元法、边缘视觉法等。

（1）顺序转换法

观察要得法，首先，我们青少年就得学会有计划、有次序的顺序查看，从不同角度、不同顺序上去观察同一事物或用同一顺序观察不同事物，从而把握观察对象的整体和实质。

观察顺序，首先指的是被观察事物的不同空间顺序，如从上至下、从左至右、从东至西，从近及远等；观察顺序，还可指被观察事物的不同结构组成部分的次序，如从头至尾、由表及里，从整体至部分再到整体。

所以，我们观察同一事物，既可以依循其空间顺序，也可以从其不同结构次序入手，获取的信息不同，认识事物的角度也不同。比如孩子观察一尾金鱼，从整体顺序来看，其叶菱形，分为上头、中躯、下尾三个部分，鳃以前是头部，肛门以后是尾部，而鳃和肛门之前便是躯干。

从局部结构来看，以头为例，其前端有口，两侧有鼓起的眼袋和眼睛，眼的前面有两个鼻孔，两侧还各有一片鳃盖，鳃盖后缘掩住鳃孔，能开合，与口的运动互相一致配合，让水不停地由口流入，由鳃排出，尾翼长，肚子大，颜色鲜。经过这种顺序地有步骤观察，就可以获得一个完整、清晰的观察印象。

用不同顺序观察不同类事物，往往采用从整体至部分，再从部分至整体的顺序分析法。如观察街景、公园、山色等自然景象，多采用由近及远或由远及近的方位顺序法；而观察某一事件，则必须按照起因至经过再至结果的时间发展顺序。

（2）求同找异法

求同找异法就是认真观察和研究观察对象，找出其同类事物之间的异同，并分析其间的关系，其意义在于提高观察者的观察分析、思考、概括、归纳能力。

例如对蜜蜂进行观察，孩子必须会注意到蜜蜂那神奇的触角和善于舞蹈的脚，由此，引发出观察蚂蚁、蜗牛、蜘蛛、蜻蜓等动物的兴趣。

我们青少年在观察这些昆虫家族的秘密时，自会发现这些昆虫有的有触角，有的短而小，有的没有触角，有的昆虫有翅膀，有的有甲壳，有的没有。

通过这种求同找异法，比较同类事物之间的异同，进一步观察、进一步比较的积极性就会自然产生。

（3）追踪法

追踪法又可称为间断观察法，即在不同时间、不同条件下对同一事物进行间断地、反复地追踪观察，以了解事物的发展变化过程，掌握规律，而对类似情况作出准确分析和判断。比如孩子用一个月的时间观察月亮阴晴圆缺的情况。

追踪法的成功实施要靠注意力的长期稳定来实现，而注意力所指向的并不仅仅是观察活动这一事件本身，而更多是在所观察对象变化发展的规律。

因此，我们青少年运用追踪法进行观察，不是囫囵吞枣，而是运用大脑，经过筛选、比较、分析，从而得出符合规律的客观认识。

（4）破案法

破案法就是从某一观察的现象、线索中的疑问之处入手，进行探索性的观察，分析找出问题的原因，发现解决问题的办法。

比如，瓦特有一次看到暖瓶塞被顶开掉到地上了，他想，暖瓶塞子为什么会被冲开？是什么把它冲开的？它究竟有多大的冲力？

带着这些问题，进一步观察，分析和实验，终于受此启发，瓦特发明了世界上第一台蒸汽机。

再如，有一个叫焦涤非的人，他念小学三年级时一次其父带他到铁路边，平时很爱观察的焦涤非发现铁轨是一节一节连接在一起的，他想，为什么不用一根长长的铁轨却在连接处留下一道道缝子呢？

于是他问其父，其父答道："因为钢铁会热胀冷缩，如果用一根长长的铁轨或接头处不留缝隙，那么铁轨在炎热的夏天就会膨胀变形，七拱八弯的，若不信，你可以自己测量测量。"

在父母的支持和帮助下，焦涤非通过观察测量发现，温度的变化，很有规律，气温每下降11度，间隙就增大1毫米。经过近一年的观察，他详细做了观察记录，同时还写出了铁轨热胀冷缩的观察报告，获得了全国征文比赛优秀奖。更重要的是，通过这一年的观测活动，他不仅掌握了中学阶段的物理知识，而且对观察和自然科学实验的兴趣大大增强了。

（5）随感法

随感法是最简单，也最基本的观察积累手段。它的形式为随看随记，随想随记。它可长可短，字数不定，形式自由。

例如我们青少年观察养蚕，随看随记，某年某月蛾卵由黄变黑。某年某月某日，小蚕破壳而出。某月某日，第一次蜕皮。某月某日第二次蜕皮。某月蚕身由黑变白，某月某日，蚕身由白变亮。某月某日，开始吐丝织茧，某日茧成。某日茧破蛾出，某日雌雄蛾子交死，某日产卵。此时，如若翻开随记，就会发现自己拥有了第一手资料。

随感习惯的养成和巩固，可以丰富观察内容，提高观察兴趣。

（6）日记法

随着观察材料的不断积累和丰富，简单的随感式摘记显得过于简单，这时就需要孩子记写观察日记了。

世界著名生物学家达尔文从小就具有十分出色的观察力，这和他舅舅常鼓励他记观察日记分不开的。

当时，达尔文已经对自己搜集的标本做了一些简单记录，有的还附有简单插图，可是舅舅对他说，"只做摘记是不够的，要把你自己当作一个画家，但不是用颜色和线条，而是用文字。

当你描述一种花，一种蝴蝶，一种苔藓的时候，你必须使别人能够根据你的描述立刻辨认出这种东西来。为了搞好科学研究，你必须进一步提高你的文字表达能力，要像莎士比亚那样用文字描绘世界、叙述历史、打动人心。"

我国古代徐霞客就是一个善于观察和坚持写观察日记的地理学家，他走遍我国的名山大川，仔细观察和考察，晚年他把自己的观察日记整理出来，终于留下了光辉的科学著作《徐霞客游记》。

（7）任务法

未经过训练的人在观察时，往往注意力不集中，东看看，西瞧瞧，容易受不相干事物的干扰，忘记了观察目的。

因此，我们青少年在观察训练的初期，应适时地给自己或训练对象提出一些要求，下达一定的任务，确立一定的观察目的，使观察有计划地进行。如观察对象有什么特征？周围的环境怎么样？有什么变化？任务法是比较常用和易行的方法，它有利于观察计划的顺利实现。

（8）列项打勾法

列项打勾法是任务法的进一步深化，具有更强的实际操作性。在明确观察任务和目的后，可以给孩子列出一个围绕观察任务的项目表，恰似上街购物前的购物提示，它能够促使训练者有计划、有目的地观察相关内容。

列项打勾法在孩子每一次观察结束后，实际已保留了较完整、较全主要特征法。

所谓主要特征法就是观察事物时，认准被观察对象的主要现象和特点。这是针对一些人在观察时通常分不清观察中的主要现象和次要现象，或者总是注意那些有趣的、奇特的、自己喜爱看的现象而忽视主要内容而言的。

比如我们观察一只乌龟，如果问"乌龟的主要特征是什么？"

可能不少人会说乌龟有两只小眼睛、短尾巴、四只脚和身子藏于甲壳之下，其实不对，乌龟的特征在于其背壳，四只脚两只小眼和短尾巴等。这些都是其他许多爬行类动物的共同特征，而非乌龟所特有，因此乌龟背壳的硬度、形状、花纹才是观察的重点。

再如我们观察一只公鸡，观察重点是什么呢？应该是重点观察鸡冠和羽毛颜色、大小，因为这是与母鸡相区别的特征。观察鸭子，重点自然应放在脚蹼和羽毛的不湿水性上，因为这是鸭子区别于鸡的重要特征。

（9）个体差异法

所谓个体差异法，就是在对同类事物进行观察时，抓住其个体特征。例如同样是军官，同样是被逼上梁山，而林冲和杨志却是截然不同的两种心态和两种性格，这就是他们的个体差异。

在实际观察中，我们青少年面对的更多是一个个体，这一个体除了具有同类事物的类别特征外，更重要的是具有其个体特征。因而，要使自己观察进一步深入、细致、具体事物具体分析，必然抓住事物的个体差异。

相传，欧洲大文豪福楼拜在向契诃夫介绍自己的写作经验时，曾要求契诃夫走过每一个大门时，观察每一个守门人，并把他们记录下来。

福楼拜说："我要你写每一个守门人，不是让你找出这个守门人和其他所有守门人的不同点，他的面貌、他的眼神、他的动作都是他所独有的。我让你记录每一个守门人，要让别人能从所有守门人中一下子找出他来。"福楼拜的话道出了观察中个体差异法的实质内容。

（10）中心单元法

中心单元法，即围绕某一观察对象或内容开展一系列观察活动，以求完整、准确地把握和理解事物的现象和本质。

例如，我们观察种子发芽成苗的这一过程，围绕种子是怎样发芽的这一中心，设计出一系列的观察活动。比如什么时间种子长出根？什么时候张开瓣？叶子什么时候长出？颜色怎么样？每天需浇多少次水？中心单元法贵在围绕中心坚持下去，否则无法获得对事物的完整印象和深入了解。

（11）边缘视觉法

一个观察力不够准确的人，常常是只见树木，不见森林。相反，观察力准确性较高的人，既能把握事物的整体，又能敏感地观察到事物的细节。这一能力需要我们具有较广泛的视觉范围，又有较高的视觉敏感度，为此，可进行边缘视觉法训练。

所谓的边缘视觉，就是先保持固定的目光聚焦，凝视正前方，同时又用眼观望四周，但不是以头的扭动或转向而带动目光去看，而是用眼睛的余光。原来，在人的视敏度很高的中央视觉区外缘，还有一块很大的，相对来说尚未被充分利用的视觉区域，就叫作边缘视觉。

而人的视网膜上，只有一小部分处于敏感的中央区，其余则都在边缘视觉地带。因此，对边缘视觉的开放和训练，可以大大提高视觉的感受力范围和感受性程度，对视察完整性和准确性训练大有帮助。

边缘视觉，非常具有开发价值，它能使我们对自己感兴趣的事物特别敏感，而且也善于捕捉他人易忽视的细节或事物的某些特征。比如孩子从杂乱无章的复杂环境中选认出自己所找或选认的事物，靠的就是边缘视觉。一个边缘视觉良好、观察敏感度高，又对汽车有浓厚兴趣的人能对身边一驰而过的汽车，准确地说出车名、车型及车的显著特征。

在我们进行边缘视觉训练时，要注意既看清事物整体，又要把视觉敏感的中央区对准需要进行细致观察的部分，要眼观六路耳听八方，又要抓住关键和要害。

张开想象的翅膀

有一只猴子，有一双火眼金睛，能看穿妖魔鬼怪的伪装，一个筋斗能翻十万八千里，一根毫毛能有七十二般变化，一根如意金箍棒，能大能小，随心变化。它能上天入地，腾云驾雾……它影响了我们一代又一代人。这只猴子是谁呢？

还有一个戴着眼镜的小男孩，骑着他的飞天扫帚，在世界各地掀起一股魔法旋风，全世界都为之疯狂。在他的世界里，奇迹、神话、魔法……什么都不会过分。这个小男孩又是谁呢？

也许大家心里早已有了答案，没错，那只猴子是孙悟空，那个小男孩是哈利·波特。

可是，《西游记》的作者吴承恩，并没有亲自到西天取过经，也无法上天宫目睹神仙面目，那他为什么能够栩栩如生地描述这些动人的故事呢？"魔法妈妈"罗琳并不会魔法，也无法去魔幻世界亲自感受，那她为什么能描绘出一个神奇的魔幻故事呢？答案就在于，他们都有着非凡的想象力。

那么，到底什么是想象力呢？想象力是人在已有形象的基础上，在头脑中创造出新形象，一个新念头或思想画面的能力。例如说起汽车，大家马上就能想象出各种各样的汽车形象来，就是这个道理。在大部分的日常生活中，大家都在运用想象力——不管是计划一次班会或一次旅行，还是学习安排，我们都要运用它。

想象力是人类大脑中孕育智慧潜能的超级矿藏，能使思维充满创造的活力。想象力更存在于人类的一切创造与创新领域。发明一个仪器，设计一件服装，设计一幢大厦，描绘一幅图画，写一本书，都离不开想象力。

英国一位诗人说："想象是有益于心灵的伟大乐器。"大科学家爱因斯坦更是大胆指出："想象比知识更重要。"英国一位数学家在题为《想象的天地》的演讲中指出："所有伟大的科学家都自由地运用他们的想象，并且听凭他们的想象得出一些狂妄的结论，而不叫喊停止前进！"成功学大师拿破仑·希尔说："想象力是一个人的灵魂的创造力，是每个人自己的财富。"既然想象力如此重要，那该如何放飞自己的想象力呢？不妨试试以下的小技巧。

扩大知识面

丰富的想象力一般是在掌握一定的知识和经验的基础上完成的，

也是以记忆为基础的。而一切科学的创造、技术上的革新和艺术上的创作，都是在丰富知识经验的基础上，通过创造性想象而获得的。

因此，一个人的知识、经验、信息储备，对于发挥自己的想象力有着重要的影响。但这并不意味着想象力与知识经验成正比。缺乏独立思考、满足已有知识的人，同样无法充分发挥出自己的想象力。

青少年要放飞自己的想象力，就必须加强知识储备，拓宽自己的知识视野，学会独立思考，这是最基本的要求！

保持好奇心

好奇心是发挥想象力的起点，因此，请保持你的好奇心。遇事多问几个"为什么"，这能使大脑的想象功能在思考中升腾。而要使大脑的想象功能奔驰起来，还要保持丰富的情感，因为乐观的情绪能让人的大脑高度兴奋和活跃起来，这时想象力自然就会高度发挥出来了。

培养开阔的思路

人的头脑只有处于时刻生生不息的运动之中，才能克服思维的阻塞，不断保持和提高思维的流畅性，通过经常有意识地训练，可以使思路开阔。

在日常学习和生活中，大家可以通过构想某一物体尽可能多的用途来训练自己开阔思路。

大家可以让自己在两分钟内写出尽量多的纸的用途、汽车的用途、煤的用途、土的用途等。在思考每一种东西的多种用途时，就是在尽力扩展自己的思维，不断增加思考的角度和思路的数量，长此以往，就会从多方面把握自己的思维能力。

而且当自己了解到别人列举出了自己所未曾想到的用途时，无疑会给自己某种具有开阔性的启示，于是在不知不觉中，自己便掌握了开阔思路的新方法。

记住，大脑越用越灵活，只要你坚持随时进行有意识的训练和练习，思路就会越来越开阔，在生活中的选择余地就大为增加，就等于为自己拓宽了成功之路。

开启想象力

想象力和其他所有的能力一样，需要人们有意识地去启发。为了保持想象的连续性，可以借助一定的介质，例如把一个构想画出来。因为图画能记录、储存头脑中的意象，使其更清晰化、具体化。用于自我想象训练的图可以是草图、无意识的涂鸦或其他奇怪的图，只要自己看得懂就行了。

激发想象

有研究表明，大多数人没有展现自己的想象力，并不是因为缺乏想象力，而是因为害怕听到他人对自己想象的看法，于是他们习惯于压制自己那些偏离一般准则、让人瞠目的思维。对此，有人认为："没有大胆的猜想就没有伟大的发现。"

因此，在学习和生活中，大家要大胆地去想象，激发出自己的潜力。例如，对于一般问题，只要将它用"怎样能……"的形式表达出来，然后寻找答案就能产生许多想法。对于引起争议的问题，思维要更开阔些，不仅要直接回答"是什么""会怎样"，还应总结所有有助于解决问题的思路。通常，解决此类问题的独立创见，在一开始都几乎是些风马牛不相及的想象。

请大家放飞自己想象力的翅膀吧！这不但能让自己变得更聪明，让生活变得更精彩，还能让自己收获意想不到的惊喜。

第四章　切勿虚度青春韶华

　　朝花暮日，风景依旧；春去秋来，物是人非。美好的时光像水一样地流走，恍惚间已无法追寻，只流下无尽的怆然；人生犹如流水一般，数十年光阴眨眼就流逝掉了。

　　作为一个爱学习的青少年，要珍惜眼前的宝贵时光，把学习作为生活的主要内容，不要让青春白白流逝，年华岁岁蹉跎。

用知识充实自己

知识能使我们获得财富，知识能使我们变得高尚，知识能使我们的生活充满阳光，知识能使我们获得强大的力量，冲破重重困境，最终走向成功的大门。

古往今来，人们对文化知识尤其重视，因为它可以给我们指明正确的道路，给我们带来幸福的生活。"知识就是力量"这句千古箴言，一直被人们传诵，使人们清晰地认识到知识是多么重要！

在当今飞速发展的社会里，如果想使自己有立足之地，获得成功，最好的途径就是不断学习，掌握知识，用知识来武装自己。我们作为一名青少年，现在最主要的任务就是学习知识，只有不断地学习知识，才能让自己拥有自强的人生。

青少年时期是学习知识的大好时光，我们切不可虚度这有限的时间，而是应该充分地利用，不断学习更多的知识，为自己的将来打好基础。青少年朋友，让我们看一下童年的比尔·盖茨，看看他是如何学习知识的吧。

比尔·盖茨童年最喜欢看的是《世界图书百科全书》。他经常几个小时地连续阅读这本几乎是他体重1/3的大书，一字一句地从头到尾看。

　　比尔·盖茨常常陷入沉思，冥冥之中似乎强烈地感觉到，小小的文字和巨大的书本，里面蕴藏着多么神奇和魔幻般的世界啊！文字的符号竟能把前人和世界各地人们的无数有趣的事情记录下来，又传播出去。

　　比尔·盖茨又想，人类历史将越来越长，那么以后的百科全书不是越来越大而更重了吗？有什么好办法造出一个魔盒那么大，就能包罗万象地把一大本百科全书都收进去，该有多方便。这个奇妙的思想火花，后来竟被他实现了，而且比香烟盒还要小，只要一块小小的芯片就行了。

　　比尔·盖茨看的书越来越多，想的问题也越来越多。一次他忽然对他四年级的同学卡尔·爱德蒙德说：与其做一棵草坪里的小草，还不如成为一株耸立于秃丘上的橡树。因为小草千篇一律，毫无个性，而橡树则高大挺拔，昂首苍穹。

比尔·盖茨坚持写日记，随时记下自己的想法，小小年纪常常如大人般深思熟虑。他很早就感悟到人的生命来之不易，要十分珍惜这来到人世的宝贵机会。

在日记里比尔·盖茨这样写道：人生是一次盛大的赴约，对于一个人来说，一生中最重要的事情莫过于信守由人类积累起来的至高无上的诺言……那么诺言是什么呢？就是要干一番惊天动地的大事。

盖茨所想的诺言也好，追赶生命中要抢救的东西也好，表现在盖茨的日常行动中，就是学校的任何功课和老师布置的作业，无论是演奏乐器，还是写作文，他都会倾其全力，花上所有的时间去出色地完成。

正是由于小比尔·盖茨对于知识的热爱，才有了后来伟大的成就。我们青少年也要像盖茨那样，不断地学习知识，要用知识来充实自己，相信自己的力量。

拥有知识的人才能自主，才不会总是抱怨。不懂得用知识来武装自己的人，总是依附于别人，往往是缺乏知识，缺乏自信就不会拥有自强。知识就是力量，青少年因为没有用知识来充实自己而自我萎缩，青少年也因拥有知识而自立自强。有知识的人，才会坚持自主意识，坚持对自身潜力的开发。

学习知识不是一天两天的事情，需要我们用一生来学习。任何成功都不是一朝一夕的结果。一个人、一个群体、一个民族、一个国家要成长与发展，就必须不断了解，不断学习。

不懂、不会，就要了解，就要学习，学习就是为了更好地适应新的发展。马克思说："事物总处在变化发展中。"如遗传变异，或水生发展到陆生等。在这个过程中，适应环境的就生存了下来，不适应环境的就被自然淘汰。

人生活在社会中也是这样，一出生，慢慢学会走路、说话，在成长的过程中慢慢接触到各种事物，要不断学习很多的东西，如处理日常事务、人际关系等。有的人善于了解、学习，于是在各种环境中都能应对自如，游刃有余。

有的人却故步自封，懒于了解、学习，结果遇事时不知所措，被时代、社会所抛弃。这样的例子屡见不鲜，数不胜数。

如果我们现在的学识很高，那是不是可以放心休息、安于现状呢？如果有这种想法，那毫无疑问是错的。

因为"学无止境"，不管你是涉世未深的青年，还是经验丰富的长者；不管你胸无半点文墨，还是学富五车才高八斗，都需要不断了解，不断学习！

也许你会说我没有天赋，我无法成才，那么请把国际数学大师华罗庚的名言"聪明出于勤奋，天才在于积累"作为我们的座右铭吧！

不论将来我们从事哪一行，我们现在都要不断地学习，为我们未来的人生打好基础。只有不断地学习，不断地汲取新知识，才能不断地进步，才能让自己在时代的大潮中，勇立潮头。

青少年朋友们，学无止境，在知识爆炸的21世纪，我们将来要立足于社会，没有知识、不学习是不行的。不管你为了什么目的去读书，只有明白学无止境，用知识实现梦想，用读书寻找乐趣，用知识创造生活，你的人生才会树立起永不沉沦的风帆。

用好你的零碎时间

日常生活中，常会有些微不足道的零碎时间，但利用起来也能干不少事情。等车的时候，可朗读或背诵；茶余饭后，可看一些有益的读物……这样，既可陶冶情操，又可增长知识。

聚沙成塔，集腋成裘，无数零碎时间积累起来，就会从知之甚少到知之甚多，生活也会变得更加充实。然而，人们大多数时候并没有这样做，于是这些零碎的时间就这样继续淹没在了生活中。

让我们先来看看这个故事：

星期六的早上，电话铃声把思思从甜蜜的梦中惊醒。思思接起电话，原来是妈妈叫她起床的电话。一接起电话妈妈就开始唠叨今天她需要做的事情。

与其听妈妈唠叨，还不如把电话挂了做我要做的事。于是思思便把电话挂了，穿好衣服，来到了卫生间洗漱。

突然，她想起今天必须把作业做完，因为明天要和表弟去公园玩。可是今天上午和下午都要上补习班，晚上又有客人来，怎么办呢？

思思心里念叨着。这时他眼珠一转，想起补习班上有休息时间。她自言自语道："对呀！我怎么就不利用那时间来做作业呢？"于是她把作业本放入书包里，然后优哉游哉地下楼吃早餐去了。

吃完早餐思思就上路了，到了学校，她找了一个空位子坐了下来，不一会老师就进来给她们上课了。上课时他非常认真，发言积极，受到了老师的表扬；到了下课的时候，她就拿出作业写起来，又快又保证了质量。

补习班上完了，思思的作业也提前完工了，真是一件让人高兴的事了，这下我可以好好玩了。

回到家，思思向妈妈报告今天所作所为。妈妈让她把学到的知识写在纸上，她想了一想，最后加上了这么一句话：我又学会了一件事，那是利用零碎时间。妈妈看了用赞许眼神瞧思思，夸她又进步了，真是高兴啊！

很多人说自己时间不够用。但奇怪的是，每个人一天都只有24小时，为什么有些人做完正事后还有一段较长的休息时间，而有些人正事还做不到一半，一天的时间就快过去了呢？

老天给予人的时间都是相同的，但并不是所有人都能好好地利用这个"公平"。有些人连分秒都要争取，为的是不浪费这些许时间；有些人却认为一两分钟的时间不算什么，又何必去在乎它呢！正因为这两种意识的存在，让人们在时间的利用上相差越来越大。

争分夺秒的人往往会用好时间，特别是零碎时间。分秒的时间好比"零头布"，只要充分利用，真还能做不少事呢！就像上面故事中的主人公，不就是利用课余的一段零碎时间，提前完成了作业，为自己第二天的活动提供了"可靠保证"吗？

其实，人的一生，即使能活到百岁高龄，为了生活上的需要，也不得不将时间分割成零碎片段。

在我们短暂的生命旅途中，如果将每天吃饭、睡觉、走路、上厕所、洗澡的时间全部扣除，还能剩下多少时间呢？

即使人生还有数十寒暑，除去嗷嗷待哺、懵懂无知的幼年，及垂暮多病、心力交瘁的老年，真正能够发挥智慧、奉献社会的时间还剩多少呢？

所以人生的时光，少得有如白驹过隙，实在是太有限、太短暂了。既然"时间零碎"是生活中的一项事实，懊恼无用，我们必须正视这个问题，进而善用它，将它转化为一股积极向上的力量，从而实现我们的理想，创造我们的事业，集合诸多零碎的时间成就有价值的人生，如此也就无愧于自己了。

时间往往不是一小时一小时浪费掉的，而是一分钟一分钟悄悄溜走的。人类对时间的意识和控制，随着社会的进步而逐渐加强。现代人计量时间的单位已经由时、刻、分、秒逐步精确到毫秒、微秒、毫微秒、微微秒。

著名的英国海军上将纳尔逊，发表过令全世界懒汉瞠目结舌的声明："我的成就归功于一点：我一生中从未浪费过一分钟。"

俄国伟大的军事家苏沃格夫也曾说："一分钟决定战局。我不是用小时来行动，而是用分钟来行动的。"

苏联著名作家雷巴柯夫曾说："用分来计算时间的人，比用时计算时间的人，时间多59倍。"

美国科学家富兰克林有一句名言："时间是构成生命的材料。"谁了解生命的重要，谁就能真正懂得时间的价值。我们最宝贵的生命不过是几十年，而生命是由一分一秒的时间所累积起来的。没有善加利用每一分钟，就无法收获真正有价值的人生。

一切在事业上有成就的人，在他们的传记里，我们常常可以看到这样一些句子："利用每一分钟来读书。"

人造卫星每秒钟飞行11.2千米，电子计算机每秒钟可以运行百万次、千万次、上亿次、几十亿次。高能物理实验要求高能探测器在1‰毫秒内精确地记录下高能带电粒子的径迹。对现代科学来说，"争分夺秒"已经不够了。

对时间计算的越精细，事情就做得越完美，如果在学习上你能以分钟为单位，对哪些看起来微不足道的零碎时间也能充分加以利用，你就能在学习中有所收获。

古往今来，一切有成就的学问家都是善于利用零碎时间的。许多青少年往往认为那些零散的时间没什么用处，其实这些时间看似很

少，但集腋成裘，几分几秒的时间看起来微不足道，汇合在一起却大有可为。

我们来看2005年以高分考入北京大学新闻与传播学院的张文静同学的经验："'用零散的时间记忆零散的知识'，这句话不是我说的，是学来的，拿来与大家共享。"

零散的知识主要是英语单词和语法，语文的语音、词语、标点、熟语等基础知识。大块的读书时间可以用来读文章，记忆政治、历史、地理等系统性很强的科目知识，而那些零碎的知识可以写在小纸片上，随身携带，在零散的时间记忆是最好不过的了。

其实，在你的日常生活中，有许多零星的时间，如在车站候车的三五分钟，医院候诊的半个小时等。如果珍惜这些零碎的时间，把它们合理安排到自己的学习中，积少成多，就会成为一个惊人的数字。

零碎时间看起来不起眼，时间长了，却能起到水滴穿石、积沙成塔的效果。

用好零碎时间，乍一听，似乎会逼得让人透不过气来。但处于快节奏的今天，我们真的应好好做时间的主人，驾驭好光阴之箭。用好零碎时间，让时间留在自己的手中，生命的长度也会随之成倍地增长。

青少年朋友们，如果我们想做出一番成就，就必须从现在开始学会活用零碎时间。让我们从现在开始行动起来吧！

管理好自己的日程

人生最宝贵的两个资产，一个是头脑，一个是时间。无论做什么事情，都要花费时间。因此，对于青少年而言，管理时间的水平高低，决定着其学习和生活的成败。

合理的时间管理，就是如何更有效地安排自己的学习、工作计划，掌握重点，合理有效地利用时间。合理的计划，就是对自己要做的事情，要达到的目标有具体的时间规定，有准备、有措施、有安排、有步骤。

但是在现实生活中，能够做到有效计划的青少年却是微乎其微。不计其数的青少年觉得自己的学习总是被安排得满满的，可是却不知道，其实很多时间早已经在不知不觉中溜走了。

亲爱的朋友，我们先来看一个小故事：

小龙是一个初三学生，做什么事都带有一股冲动，不过却是"三分钟热度"。他的同桌王艳是班里的尖子生，每次考试都是年级第一。

初三的下半学期，是中考的最后一个冲刺阶段。中考的时间越来越近，小龙也开始像同桌一样认真学习了。

可是，因为平时就不太用功，小龙感觉无从下手，而且他也没有学习计划，每天总是东一榔头西一棒槌，见同桌学什么，自己也跟着学什么。

经过一段时间的学习，学校进行了一次摸底考试，小龙感觉自己这一段学习得挺努力，应该进步不小，可是结果照旧，成绩依然非常不理想。

小龙感觉非常难受，他总觉得自己已经很下功夫了，为什么成绩还是上不去呢？这时候，他找到了班主任李老师，向班主任详细说了自己的情况。

班主任帮助小龙分析了一下原因。班主任告诉他说：学习，要有计划，不是三分钟的热度就行的，踏实地坐下来学习才有效率，应该给自己每天定下一个学习计划，然后按照计划完成自己的目标，这样成绩一定会有很大的改观的。

在班主任的帮助下，小龙开始为自己制订计划，把时间一点一滴地进行积累。很快，他的学习就有了起色，到了中考的时候，一向学习不是太好的他竟然顺利进了一个重点高中。

在毕业晚会上，小龙对班主任表示了衷心地感谢，他说："老师，没有你的帮助，我不可能有现在的成绩，太感谢你了……"

班主任说："不仅我们学习要有计划，我们的整个人生都需要计划，只有按计划做事，才能找到自己的前进方向，不至于迷失道路啊！"

上面的例子在我们青少年的学习生活中处处可见。青少年在学习过程中，如果没有一个切实可行的学习计划，想到哪学到哪，就会陷入主次不分、盲目学习、顾此失彼、浪费时间的境地。

所以，我们的学习需要有明确的计划，要科学利用时间，形成高效的利用时间的模式。有句话说得好，任何时候做任何事情，有计划地去做就等同于成功。

合理地进行学习，是青少年在人生形成时期最应该去做的事情。这时的我们正处在长身体、长见识的重要阶段，把握好自己的青春，利用好每一寸光阴，去努力学习科学文化知识，这才是我们最需要做的事情。

一个做事没有计划、没有条理的人，无论从事什么都不可能取得成绩。做事有计划不仅是一种做事的习惯，更重要的是反映了一个人做事的态度，也是一个人能否取得成功的重要因素。

现代生活中，许许多多的青少年背负的压力过大。一些青少年把自己的生活内容安排得十分杂乱，一会儿做这个，一会儿却又做那个，好像每件事情都做了一点，但其实每件事情却都没有做好。

其实，如果做事之前做个好的学习计划，合理安排好自己的时间，便能产生良好的效果。

青少年要做到有计划地去做事情，就要成为时间的主人。那么，每天的24个小时，究竟要怎样利用呢？

一是制定目标。目标可以使我们对时间的利用更加明确。很多人浪费时间是因为没有明确的目标，不知道今天应该做些什么，也不知道这么做是为了达到一个什么样的目的，于是在学习中出现盲目的现象，浪费掉了宝贵的时间。

二是将自己可以节约出来自由支配的时间罗列出来，定出使用的计划。

我们每天除了学校安排的课程之外，还有不少时间可以由我们自己安排，比如早晨起床到上学，统筹安排好的话，可以省出10分钟左右的时间进行早晨锻炼；中午吃饭后，我们可以用20分钟的时间看一些自己喜爱的书或午休；放学后回家，完成作业之后我们往往有一整块的时间可以自己安排。

这些时间尽管零碎不显眼，但是累积起来，也是可观的，只要充分利用好，长期坚持下来，在时间上你会是一个富有的人，在生活上你会是一个充实的人，在精神上你将是一个快乐幸福的人。

三是要提高单位时间里的效率。要规划好时间，提高学习效率就十分重要。

以完成作业为例，有四个技巧可以帮你提高学习效率：

先复习，后做作业；

作业要限定时间，在限定时间内，专心致志地完成，在此期间不做其他无关的事；

做作业要坚持独立思考，不轻易请教他人，更不能去看、抄他人的作业，实在不会再带着问题去请教别人；

作业经老师批阅后，对所出现的问题要及时找出原因并加以订正。

　　四是还要学会"挤"时间。鲁迅先生把时间比作海绵里的水，只要去挤，时间总会有的。不要小看几分钟的时间，积少成多，假如每天都能挤30分钟，一个月就是900分钟，也就是你多拥有了15个小时，一年就多了360个小时。

　　著名音乐大师莫扎特一生的作品很多，他就很会挤时间，比如他常常在理发的时候创作音乐。我们要努力做一名善于"挤"时间的有心人，只要大家用心，就会发现生活中可"挤"的时间很多。

　　五是我们要把最重要的事情放在第一位。人的精力是有限的，一次只能做一件事情，一心不能二用。青少年不可能在同一时间段内同时进行两件事情，倘若要保证高效率，必须把最重要的事情放在第一位，在某段时间内只专注于一件事情，只有集中精力做好一件事情，才能更好地去做别的事情。

　　六是合理利用资源，节省时间。我们周围有很多资源可以供我们利用，而能够利用好这些资源，会大大节省时间。

　　比如网络资源。现在的互联网十分发达，上面有关考试的信息也很多。我们可以从中充分挖掘网络的潜力，找出一些权威性比较好的网站。在跟随老师复习的同时，学会利用网络，及时获取自己想要了解的学习材料。

同时，在学习中，老师也是一项宝贵的资源。我们应该多与老师交流，及时找老师解决自己不懂的问题，让老师为自己的复习提出建议，这样会比自己一个人在那里苦思冥想有效得多，也会省下大量的时间。

七是要把物品分门别类。在现实生活中，许多人总是把时间浪费在找东西上，如果他们能够把东西有条不紊地放置好，则会节省许多时间。

八是要学会拒绝。对一些青少年而言，或许有时自己原本已安排好了计划，但却经常会临时出现一些变化，正所谓："计划赶不上变化。"

每个人都有自己的计划，我们应该依照自己的计划行事，倘若你不顾自己的时间而帮别人做一些他本可以自己做的事情，那么，你的时间就会在无形中白白被浪费掉。

九是学会避开高峰期。即当别人没有占用某种资源的时候你去使用，譬如：在没有人排队的时候去借书、买饭等，这样可以为自己节省许多时间。

十是适时休整。休息是为了更好地学习。俗话说，磨刀不误砍柴工。时间是弹性的，不要与时间较劲。一个人精力充沛与否不在于其能撑多少时间，而在于其恢复的速度与效果。从某种意义而言，一个人不会休息就不会工作。青少年只有学会休整，才能快速恢复体能，全身心地投入战斗。

十一是要善于总结。对青少年而言，倘若你过于忙碌于自己的学习而没有时间思考你做的事情，将无法充分利用你的头脑，只有在某一段时间内进行反省自己刚刚完成或思考过的事情的价值、方式和方法等，才能对自己以后做事大有裨益。

　　另外，还要善于变通。做事情之前计划好很重要，但计划往往跟不上变化，如果我们能适时地变通，就可以充分利用计划好的时间，做到不浪费一分一秒。

　　事实上，在不断前进的道路上，每一步道路都暗藏无数可能的方向，而变化又时常隐藏在计划之中，我们只需在计划的基础上进行适量的变化，就有可能获得意想不到的结果。

紧要的事优先做

　　许多青少年朋友在遭受失败后，往往会有这样的苦恼，为什么我和那些成绩好的同学一样，都在勤勤恳恳地学习，但结果却不一样呢？你知道吗？

　　其中一个重要的原因是我们缺乏洞悉事物轻重缓急的能力，做起事来毫无头绪，完全被烦琐的事务牵着鼻子走。而那些成绩好的同学往往能够抓住紧要的事情先做，因此大大提高了他们学习和做题的效率。

　　一个人在工作中常常会被各种琐事、杂事所纠缠，有不少人由于没有掌握高效能的工作方法，而被这些事弄得筋疲力尽、心烦意乱，总是不能静下心来做最该做的事。

　　有些人被那些看似急迫的事所蒙蔽，根本就不知道哪些是最应该做的事，结果白白浪费了大好时光。

　　"大石块"等于最重要的事，一个形象逼真的比喻，它就像我们学习工作中遇到的事情一样，在所有事情中有的非常重要，有的却可做可不做。如果我们分不清事情的轻重缓急，把精力分散在微不足道的细沙上，那么重要的工作就很难完成。

　　这个故事告诉我们，用同样的空间、时间，事情先后安排不同，结果就大相径庭，生活也是这样。

　　每天我们不仅要学习，还要休息和娱乐，如果不做计划，想起什么就做什么，很可能忘记重要的事，到时弄得自己措手不及，有时甚至加班熬夜也完不成。反之，如果将要做的事情写下来，先做重要的事情，然后做次要的，没时间的话，那些可做可不做的事情干脆就不做了，这样我们的生活一定会既充实又有意义。

　　比尔·盖茨曾经向效率专家艾维请教"如何更好地执行计划"的方法。艾维声称可以在10分钟内就给比尔·盖茨一样东西，这东西能把他公司的业绩提高50％，然后他递给比尔·盖茨一张空白纸说："请在这张纸上写下你明天要做的

六件最重要的事。"

比尔·盖茨用了五分钟写完。

艾维接着说;"现在用数字标明每件事情对你和你的公司的重要性次序。"这又花了五分钟。

艾维说:"好了,请把这张纸放进口袋,明天早上你要做的第一件事是把纸条拿出来、做上面标出的第一件最重要的事。不要看其他的,只是第一件。着手办第一件事,直至完成为止。然后用同样的方法对待第二件、第三件……直到你下班为止。如果只做完第一件事,那也不要紧,反正你总是在做最重要的事情。"

艾维最后说:"每一天都要这样做——你刚才看见了,只用10分钟时间,你对这种方法的价值深信不疑之后,让你公司的人也这样干。这个试验你爱做多久就做多久,然后给我寄支票,你认为值多少就给我多少。"

分清事情的轻重缓急,优先做好最重要的事,这是效率专家艾维教给比尔·盖茨的妙法。因为这个妙法,艾维得到了25万美元的酬劳和随支票一道附来的短语:"哪怕尽我平生所学,也从未感到如此大的收益。"

因此我们可以看到,那些高效率人士,不管做什么事情,首先都用分清主次的办法来统筹做事。

在一系列以实现目标为依据的待办事项之中,到底哪些事项应先着手处理?哪些事项应延后处理,甚至不予处理呢?对于这个问题,专家给出的答案是:我们应该按事情的"重要程度"编排行事的优先次序。所谓"重要程度"，即指对实现目标的贡献大小。

对实现目标越有贡献的事越重要，它们越应获得优先处理；对实现目标越无意义的事情，越不重要，它们越应延后处理。简单地说，就是根据"我现在做的是否使我更接近最终目标"这一原则来判断事情的轻重缓急。

现代社会中，每个青少年都渴望快速成功，因此，很多青少年便会因浮躁而产生投机取巧的心理，结果往往是欲速则不达。其实，其中重要的原因就是我们分不清事情的轻重缓急。

培根说："敏捷而有效率地工作，就要善于安排工作的次序，分配时间和选择要点。只是要注意，这种分配不可过于细密琐碎，善于选择要点就意味着节约时间，而不得要领地瞎忙等于乱放空炮。"

我们青少年如果能够养成把注意力集中到紧要事情上的习惯，并根据这些紧要事情来努力为自己的成功而奋斗，那么就为自己提供了一种强大的力量，也就能够很容易地走上成功之路。

亲爱的青少年朋友，在做每一件事情的时候，一定要先分清轻重缓急，敢于舍弃细枝末叶，这是高效率完成任务的妙招。成功者的共识就是：分清主次，有所不为才能有所作为。

让我们从今天开始，抓住紧要的事情吧！只有这样，我们的学习和生活才会有更高的效率，我们的人生也才会更加的美满！